重温空间

——建筑师手册

重温空间

——建筑师手册

[荷兰] 迪克·凡·汉默德 著
陈曦 裘俊 译

中国建筑工业出版社

著作权合同登记图字：01-2017-6470号

图书在版编目（CIP）数据

重温空间——建筑师手册／（荷）迪克·凡·汉默德著；
陈曦等译. —北京：中国建筑工业出版社，2018.9
ISBN 978-7-112-22543-9

Ⅰ. ①重… Ⅱ. ①迪… ②陈… Ⅲ. ①建筑设计－手册
Ⅳ. ①TU2-62

中国版本图书馆CIP数据核字（2018）第179738号

责任编辑：段 宁 刘 静
责任校对：芦欣甜

重温空间——建筑师手册
[荷兰] 迪克·凡·汉默德 著
陈曦 裘俊 译
*
中国建筑工业出版社出版、发行（北京海淀三里河路9号）
各地新华书店、建筑书店经销
北京锋尚制版有限公司制版
天津图文方嘉印刷有限公司印刷
*
开本：787×960毫米 1/16 印张：10¾ 字数：189千字
2018年10月第一版 2018年10月第一次印刷
定价：58.00元
ISBN 978－7－112－22543－9
（31627）

目　录

绪 论

当前，对建筑学的讨论过分关注于建筑的外观。那些概念化的设计，也就是可以简化为一个标志性图案的建筑，是这样；与之相反的那些从历史建筑中提取元素符号的建筑，也是这样。尽管有时会呈现出漂亮的结果，但这两种设计往往会产生毫无创造性的建筑，它夹杂在两种状态之间，要么过分追求概念的创意，要么盲目地复制历史的案例。

在一些仅仅要求图片设计委托中，对于视觉效果的痴迷仍然存在，与设计（programme）和空间相关的方方面面，在面对市场时，本应量身定做，却被预先确定。也许关注外观可以满足多样性和统一性的要求，但是在对密度（densification）和集约（concentration）不断增长的要求下，却无法从本质上调节两者的需求。在对现状城市的管理中，每次都会出现这个问题，在新区的发展过程中也是如此。

在全球化的时代，不同文化和个性化发展之间的对立，统一性和多样性，集体主义与社区概念，不无混淆。因此很有必要重新定义像“私密”、“集体”和“公共”这些术语并阐述其间的关系。提倡新的建筑模型，最重要的就是建筑中空间与功能之间的关系。忽略这种关系的研究而回到熟悉的图像上并不能解决任何问题，相反，会加剧其潜在的矛盾。

设计方案的质量和可行性不是由图片决定的，而是看它如何处理空间联系和动态的活动。创造空间的联系和设计空间中的活动，是建筑设计的独特之处。建筑师经常会讨论和撰写与建筑相关的方方面面，但很少讨论建筑本身，这本书是个例外，它将建筑作为容纳空间和活动的系统来描述。

书中讨论的建筑案例一部分是作者自己的作品，也有一些是可以引起空间联系和活动的老建筑，虽然书中历史与当代设计的关联非常明了，但这绝不是一个普通的组合，它引自 20 世纪 50 年代的《建筑评论》（*Architectural Review*），当时有像戈登・卡伦（Gordon Cullen）这样的建筑师和像尼古拉斯・佩夫斯纳（Nikolas

Pevsner）这样的建筑评论家共同奠定了当代建筑学、建筑史和建筑批判理论的基础，但在今天，却不可能再有这样的组合了，每个人似乎都被逼迫着退到了自己的壁龛里。诚然，正如后记中汉斯·伊贝林斯（Hans Ibelings）所言，设计和历史是两个不同的世界，史学家和设计师对于历史已产生本质上不同的态度。对建筑师来说，令人失望的是，前面两者的关系常会包含一些对历史成果的否认和忽视。

通过推进一系列历史建筑的案例研究，我想提出第二种情况：聪明地使用历史。书中对于历史建筑的研究启发了我，并使我认识到空间联系与活动在建筑中的重要性。这本书不是对历史的全面纵览，当然也不是对历史建筑的客观评价，而是对以往设计的重新评估，在这里，历史不是一个可以罗列的目录，而是一副对于新设计措施的启发剂，同时，它也是一副催化剂，可以帮助我们逃离目前停滞不前的设计评论和设计实践。

迪克·凡·汉默德

第 1 章
建筑中的空间

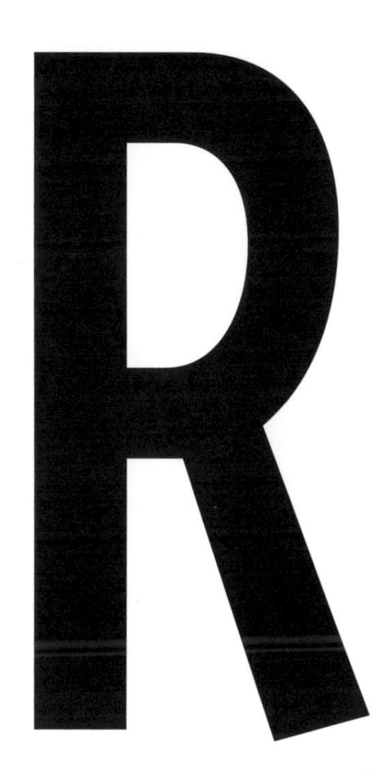

尼古拉斯·佩夫斯纳写在《欧洲建筑大纲（1943）》[An Outline of European Architecture（1943）] 前言的第一句话就是："自行车棚是一栋房子（building），而林肯大教堂才能称得上是一座建筑（architecture）。"这句话非常著名，但是现在已经不被认可，房子与建筑的区别已经不成为问题，因为，任何东西都可以被称之为建筑。

如果建筑与房子是一对同义词的话，那佩夫斯纳写在前言的第二句虽很少被引用但更有意思，他说"任何一个可以容纳人们活动的空间都被称之为房子（building）"，空间本身已经不足以成为判断建筑的标准，可以容纳人们活动的空间才是标准。

空间与活动的关系，就像物质与空间的关系，不是对立的，而是互补的，虽然阿道夫·罗斯（Adolf Loos）声称建筑的本质是创造空间，这使得他会批判那些在他眼里只关注建筑造型的建筑书籍（但有一点阿道夫·罗斯是对的，那就是应该把精力更多地放在空间营造而不是建筑形式上）毕竟，形式蕴含着空间，而空间催生了活动。

建筑起源于形式、空间与内在活动三者之间的相互作用，这句话可能是老生常谈，但是在很多设计中，内在活动的设计往往只扮演了最微小的角色，其作用可能只比一座雕塑或一个三维的空间布局强一点点。

建筑历来的发展也没有站在这个角度，物质的形式往往主导着空间的形式。这使我们对一些通常被忽视的建筑或一些其他原因而具有其自身价值的建筑有新的认知。

有一种类型的建筑，在建筑历史中往往被我们一带而过，如中世纪城堡。在城堡中，进行的活动起了主要作用。精确地讲，城堡是一个集防御和居住为一体的综合体，它本身需要空间，因此带来了有趣的张力和精巧的解决办法。有一个范例是 12 世纪的多佛城堡（Dover Castle），两个长方形的主要居住区被一堵 6～8 米厚的中空墙所围绕，墙内放置两个螺旋楼梯间和一些分散的可以从主要空间到达的次要区域。

位于荷兰贝默尔（Bemmel）附近的 14 世纪的多恩堡（De Doornenburg），在其主城堡中我们依然可以发现形式与空间的融合。主城堡的平面非常简单，但其剖面的设计却极其精妙。城堡包含两个互相联系的空间系统，其中一个是由一系列螺旋上升的房间组成，在剖面中看起来像是错层式；与之垂直的是在厚重内墙中的直跑楼梯，与每个房间都单独连接。

城堡空间的复杂性来自复杂的功能，它们容纳了各个阶层的人群，使用环形路径，有些房间常被隔离开来，以防止不同阶层之间不必要的照面。在厚墙中设置环道和小房间产生了逆转的效果：生活的空间是静止的，提供活动的空间却是动态的。在这个案例中，混杂的空间（而不是生活的空间）代表了空间的本质。

罗伯特·史密森（Robert Smythson）和他的儿子们，这个活跃在 1600 年左右的建筑师家族，留下了一批类似的建筑，其环道的空间开始于实体之外，然后扩大，直至产生一大批上述的空间。

这种环道的做法最终发展成整个设计的结构，使得所有房间都从属于环道。他们在切斯菲尔德（Chesterfield）旁的一个溪谷地带设计的很多房子都证明了这种变化。

巴尔伯勒会堂（Barlborough Hall）中，空间被平面化组织。这栋房子有两条环线：一个是围绕采光井的“真正”的环线，另一个是联系了立面上同一标高所有房间的外环线，与其配套的垂直交通是一个隐藏在墙体里的螺旋楼梯，并被高处的灯所照亮。

分隔房间的内隔墙非常厚，并嵌有壁龛和壁炉，从一个房间到另一个房间的通道看起来更像是一个小过厅。另一方面，外墙却非常薄，并嵌入了很多的窗户，建筑师因此将传统的外厚内薄的墙体做法进行了反转。

1587 年，罗伯特·史密森开始设计哈德威克府邸（Hardwick Hall），在这栋城堡里，他彻底贯彻了同样的空间设计主题，不仅限于平面，还同时反映了垂直方向的设计。在这栋巨大的房子里，垂直交通从一个围合的空间中解放出来，变成一个贯通整个建筑的路径。这个连续的楼梯非常引人注目，将整个空间引入高潮。楼梯随着楼层高度越高，变得越轻巧，最终通向了一个长 50 米、高 8 米的巨大长方形画廊空间，并在画廊的另一头，路径继续延伸，下行过程中经过几次方向转换后又回到中央大厅。由于哈德威克府邸具有复杂的路径和巨大的玻璃立面，不止一位建筑史学家将其视为 20 世纪现代建筑的先驱。事实上，尼古拉斯・佩夫斯纳认为这种连续楼梯的设计非同寻常，所以他认定这个这栋房子应该是 16 世纪的发明。路径穿过房间，这个看似任性的举动，事实上是一个非常务实的方法，如果楼梯直接停止在大画廊的端部，那就无法延伸整个空间的长度；如果此处使用的是常规的从一层到另一层的楼梯，以上部分也就无从谈起了。

使用这种楼梯的一个重要结果，就是所有主要房间都可以通过各种楼梯平台直接进入，而无需再经过其他途径。另外，楼梯也将公共的区域与私密区域清楚地进行了区分，并提供了进入公共区域的路径：首层的大厅、二层的小礼堂和顶层的接待室。要进入私密区域需通过楼梯平台，就像进入现代的公寓需要通过走廊一样。复杂的空间性伴随着严格的功能组织和公私空间的区别。

在常规与经典手法统治建筑学期间，哈德威克府邸的理念与原则被遗忘，直到三个世纪以后，英格兰掀起了工艺美术运动（Arts and Crafts Movements），它提倡空间的流动性，而不是常规性的对称布置的房间，这也是为什么工艺美术运动被看作现代主义先驱的原因，它被部分现代的建筑师和史学家所驱使，更倾向于流动的和有生机的空间。

工艺美术馆（Arts and Crafts house）一层的中心是大厅，但大厅已不仅是一个公共接待厅，更是私密空间中重要的一部分。

在湖区靠近温德米尔湖（Lake Windermere）旁建造的布莱克威尔庄园（Blackwell House，1897～1900）中，建筑师麦凯・休・贝利・斯科特（Mackay Hugh Baillie Scott）巧妙地将楼梯和路径用来连接大厅和旁边的房间。大厅包含一个中间的高空间和几个矮空间，它直接连接了两个拥有壁炉和长椅区的起居室。主要的楼梯位于大厅的高空间部分，并将人引导至可俯瞰整个大厅的位置，边上的楼梯间则引导人到达壁炉上方的一个小隔间，在那里也可以俯瞰大厅，房间和路径围成一圈，在大厅全部可见。

多佛城堡（Dover Castle），多佛，肯特郡，英国
12 世纪

1

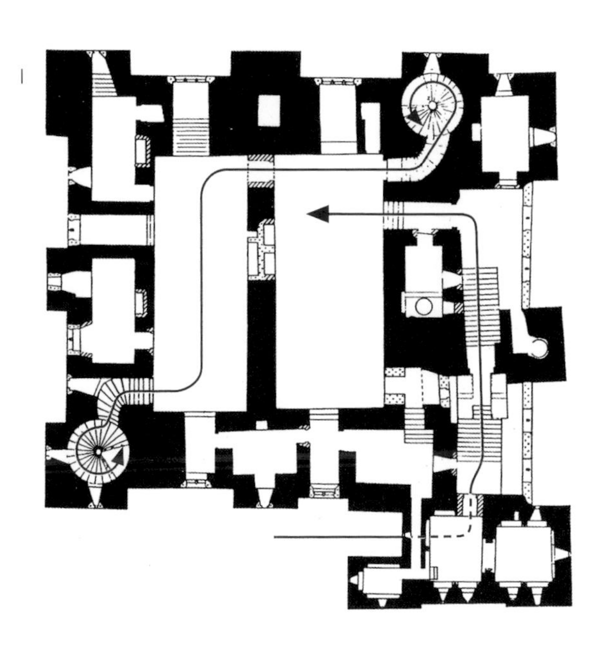

2

1. 城堡主楼二层平面图
2. 城堡鸟瞰图，主楼位于中间

5

多恩堡（De Doornenburg），多尔尼伯格，荷兰

14 世纪

3

2

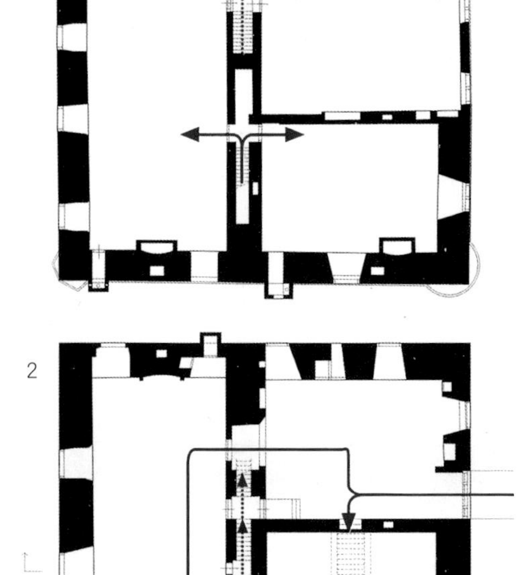

4

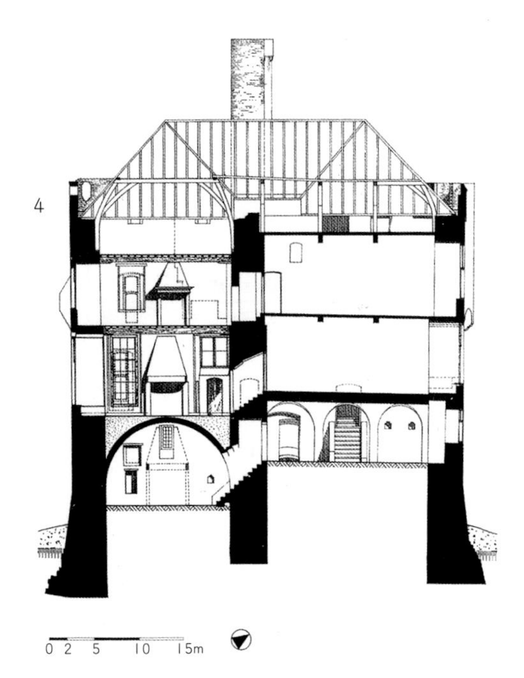

1

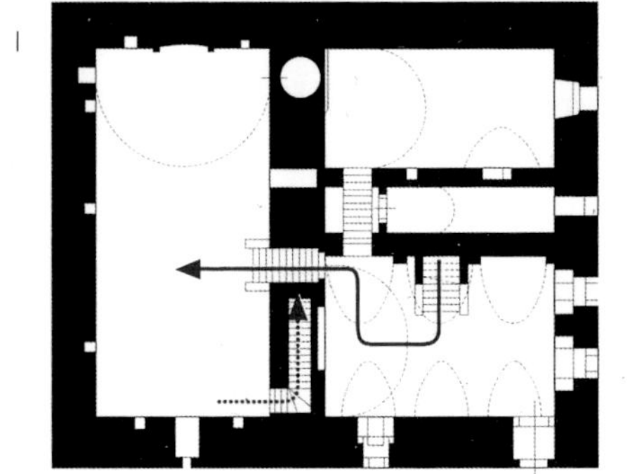

1. 地下室平面图（作者还原）
2. 一层平面图
3. 二层平面图
4. 横剖面上错落的墙体（测于 1903 年）
5. 1910 年左右西南方向照片

巴尔伯勒会堂，德比郡，英国

罗伯特·史密森

1583～1585

2

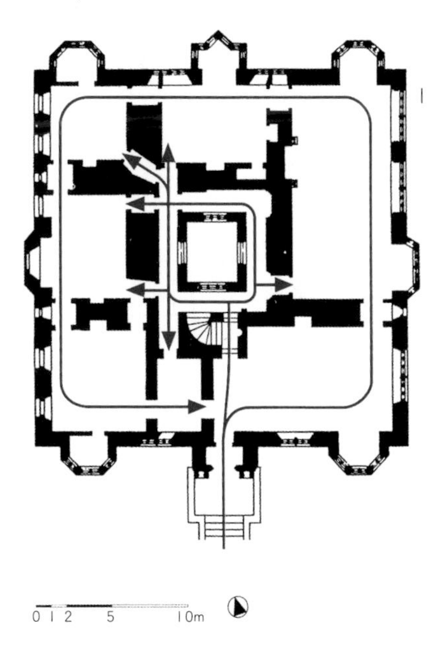

1. 一层平面图
2. 正立面

哈德威克府邸，德比郡，英国

罗伯特·史密森

1587～1599

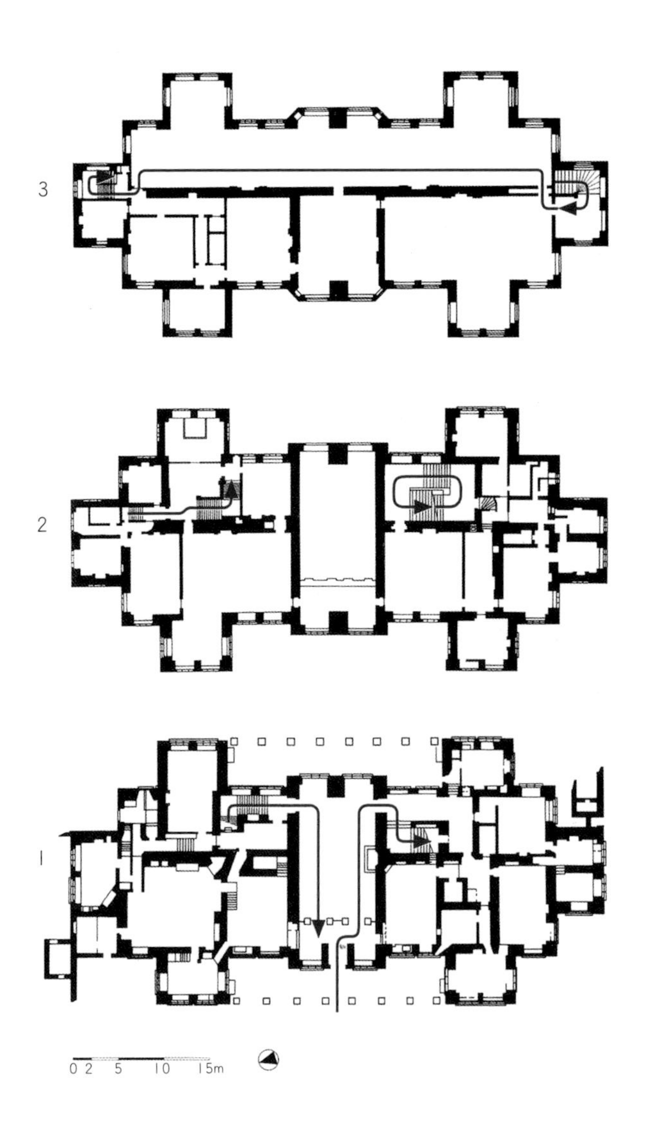

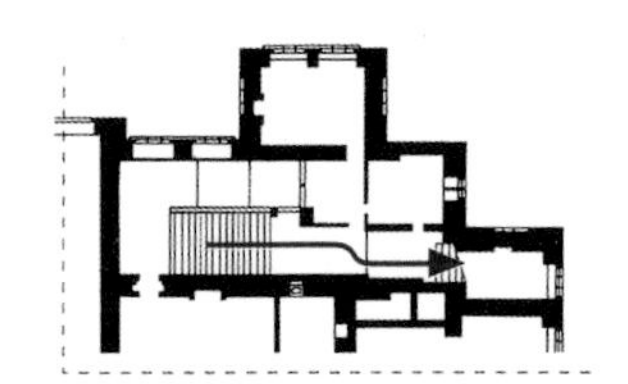

4

6

7

8

5

1. 一层平面图
2. 二层平面图和部分夹层平面图
3. 三层平面图
4. 主入口正立面
5. 一层与二层之间的楼梯间
6. 一层与二层之间的楼梯平台
7. 楼梯接入三层处
8. 二层礼拜堂附近的楼梯

布莱克威尔庄园，鲍内斯温德米尔，坎布里亚，英国

麦凯·休·贝利·斯科特

1897～1900

2

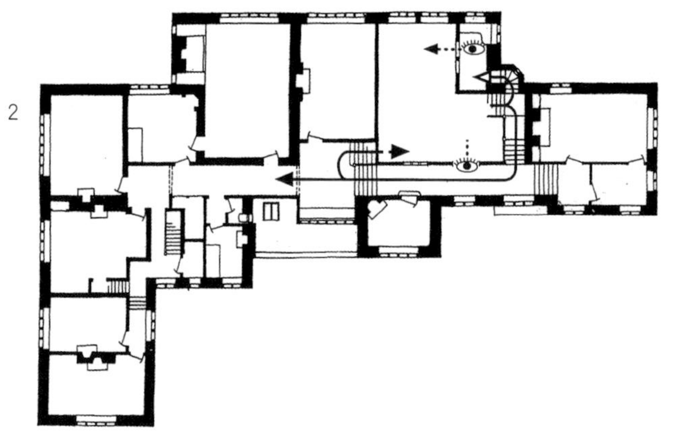

3

1

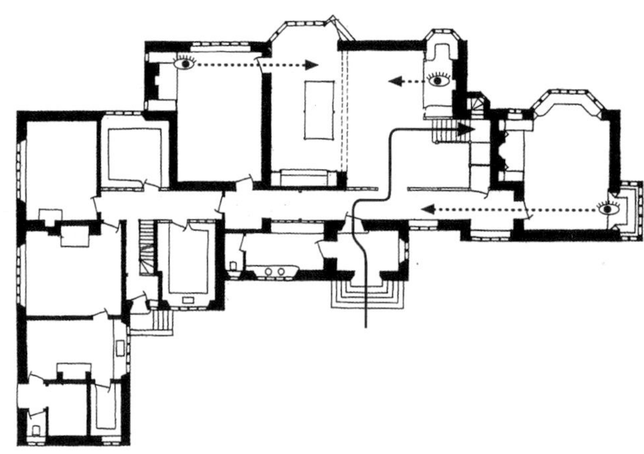

0 1 2 5 10m

4

1. 一层平面图
2. 二层平面图
3. 壁炉上方为橱柜的大厅
4. 大厅
5. 可以看到右侧大厅的二层走廊

5

1961 年，美国建筑师文丘里（Robert Venturi）在宾夕法尼亚栗山（Chestnut Hill）为其母亲建造的文丘里母亲住宅（Vanna Venturi House）中，出乎意料地结合了英国乡村风格，住宅的大厅有一个壁炉和一个占地极省的大楼梯间，通向第二层并连接到另一个楼梯间。这个楼梯间并不联通到某处，但却非常有效地引导了空间，楼梯间与壁炉在有限的空间里合并，从而给人一种强烈的、宽敞的空间感受，并且使得这个房子看起来比实际大一些。

在 1953 年的意大利圣马里为拉（Santa Marinella），路易吉·莫雷蒂（Luigi Moretti）设计的萨拉切纳塔别墅（Villa de La Saracena）中，这种大厅又以另一种形式重现了。入口处位于封闭空间与一个巨大的混凝土雨篷之间，并可以直接通向大厅，大厅的高度和宽度也逐渐调整，从房间中望去，可以穿过海岸看到地中海，令人印象深刻的椭圆形下沉的就餐区暗示了室外大厅的形状，也同时在连续的空间中呈现出角落中壁炉和椅子的图像。

英国建筑师埃德温·路特恩斯（Edwin Lutyens）是一个将路径和楼梯作为关键元素运用到空间处理的大师，他设计了一系列历史类型的乡村别墅，但在不同形式和风格的表象下，他对于路径和楼梯作为建筑中最重要元素，在建筑表达和尺度上进行了持续的探索。建于德鲁斯泰恩顿（Drewsteignton）的新中世纪风格的焦戈城堡（Drogo Castle）是埃德温·路特恩斯最引人注目的乡村别墅（它现在只是最初设计的一部分，原始设计的尺度要大得多）。

在这个建于 20 世纪的城堡中，楼梯与路径比房间占用了更多的空间。平面上有两个主要楼梯，其中靠南边的大楼梯中间又包含一个小的佣人楼梯。从主入口到下一层的餐厅，并从另一个楼梯间返回主入口的流线，经过多次方向的转换，每一次都可以看到室内外不同的景致，同时顶棚将结构梁、筒形拱和穹顶拱完全展现在眼前。相较于可以漫步的焦戈城堡，路特恩斯在肯特郡沙土镇（Sandwich）的萨卢勋（The Salutation）在更小的尺度内同样实现了多样性变化。大厅中，通往上层的楼梯与路径被很多不超过 6 米 ×7 米的互相连接的小空间所建构，其更精彩之处是在上层简单的矩形平面中切了一个凹口，这样光线就可以直接进入楼梯间，这个区域的黑、白、绿和蓝等高反差的颜色，加强了这个内向型空间的奇特品质。

文丘里母亲住宅，栗山，宾夕法尼亚，美国

文丘里 · 斯科特 · 布朗事务所（Venturi Scott Brown and Associate），1961

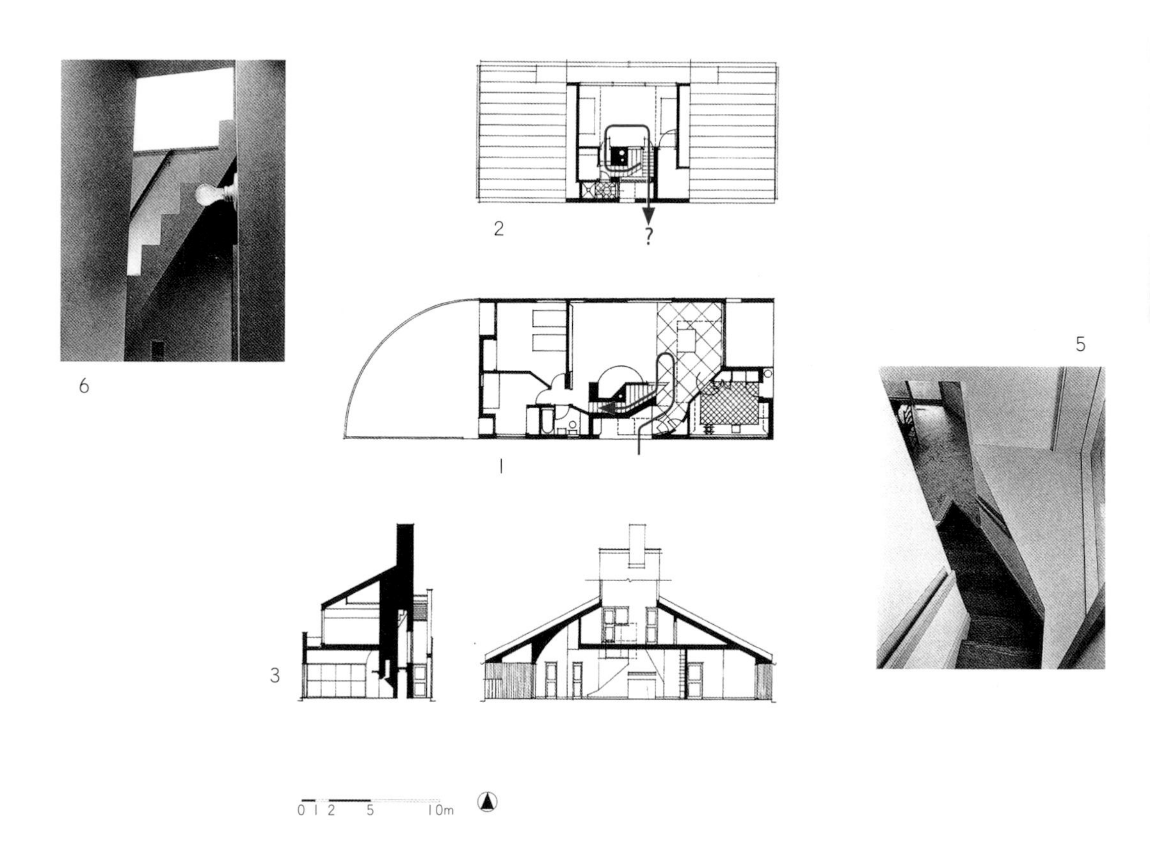

6

2

5

1

3

1. 一层平面图
2. 顶层平面图
3. 剖面图
4. 楼梯和壁炉
5. 俯瞰楼梯
6. 阁楼上不知名的楼梯

4

萨拉切纳塔别墅，圣马力诺，罗马，意大利

路易吉 · 莫雷蒂

1953～1957

4

3

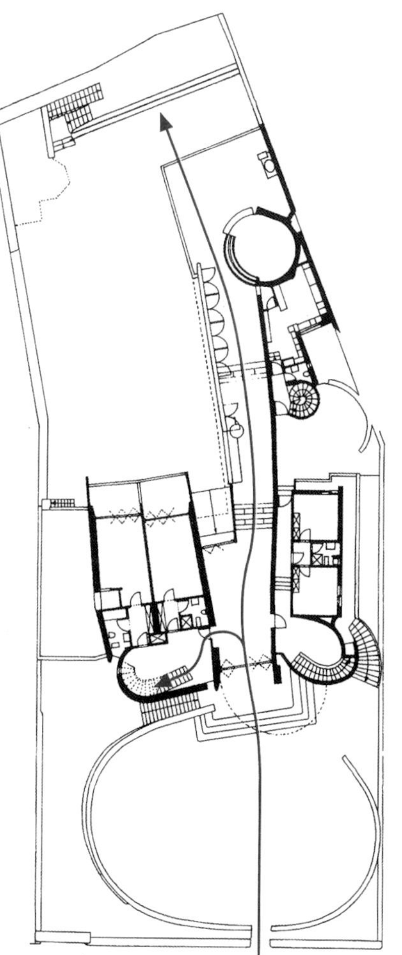

1

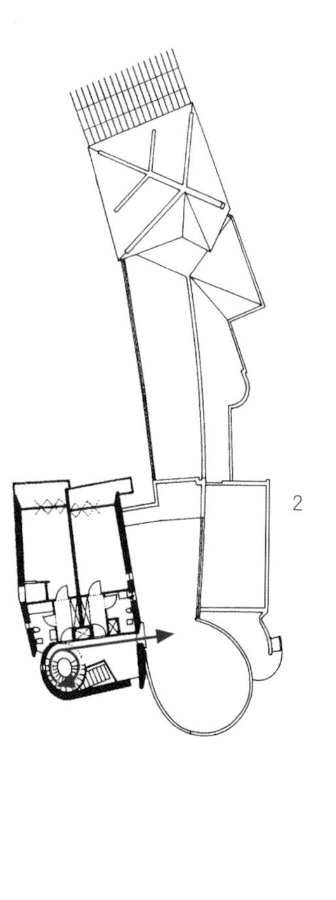

2

1. 一层平面图
2. 二层平面图
3. 建筑街景
4. 从大厅看入口

焦戈城堡，Drewsteignton，德文郡，英国

埃德温·路特恩斯

1910～1930

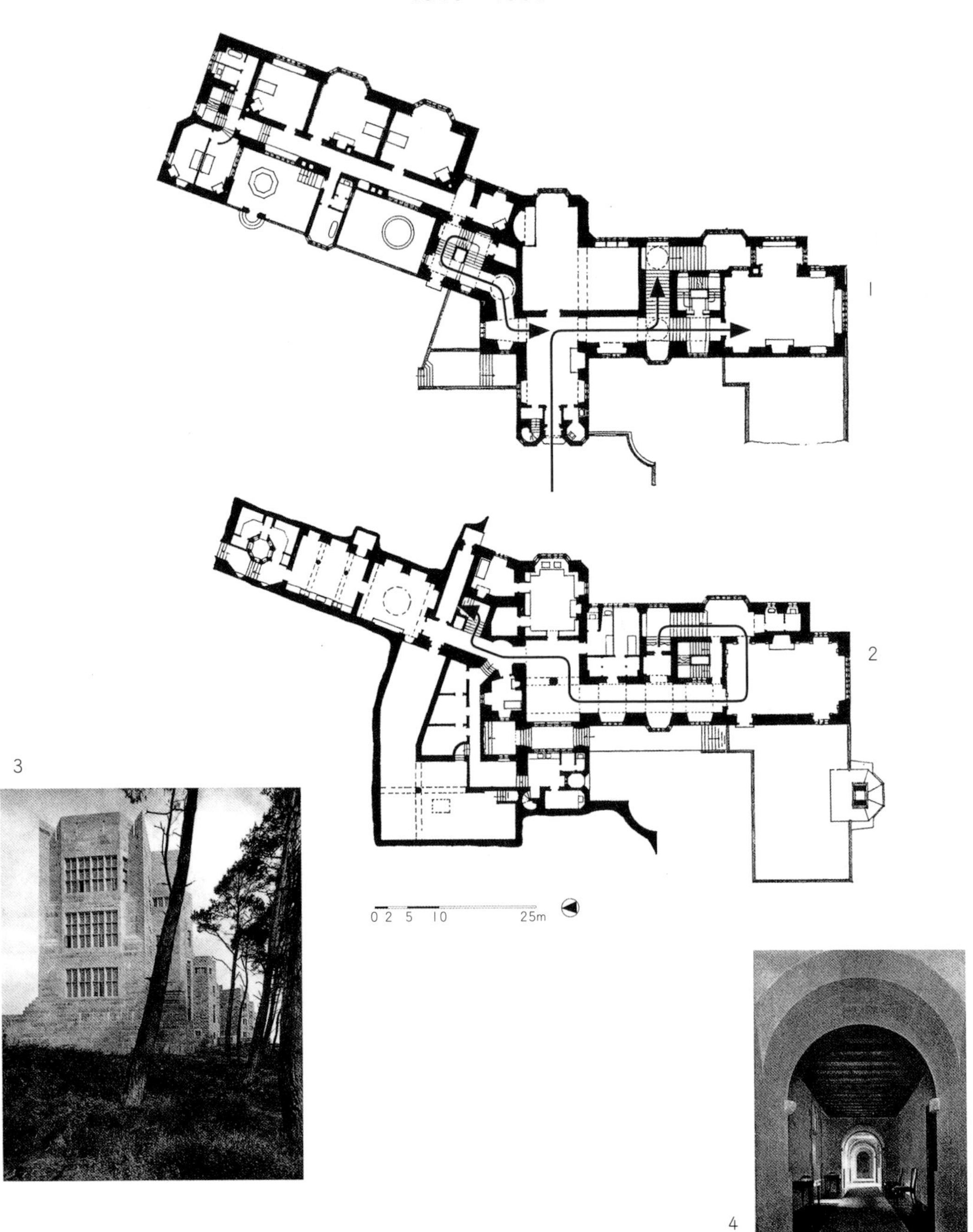

8

10

7

9

1. 一层（地面层）平面图
2. 底层（地下一层）平面图
3. 南立面
4. 从北部看一层走廊
5～6. 从南边看一层走廊
7. 楼梯间
8～9. 底层通往餐厅的楼梯
10. 底层走廊

5

6

6

萨卢勋，肯特郡沙土镇，英国

埃德温·路特恩斯

1911

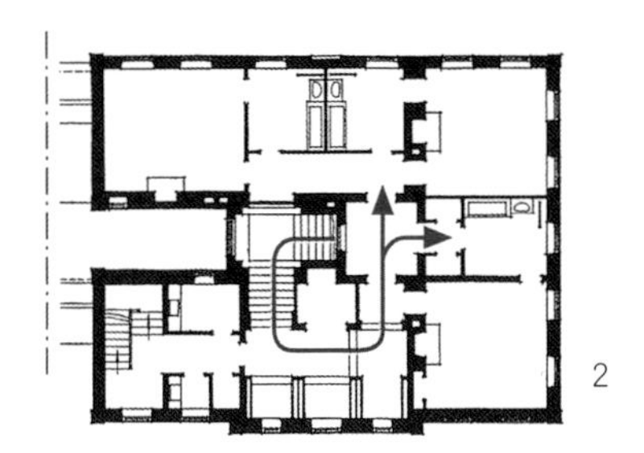

2

4

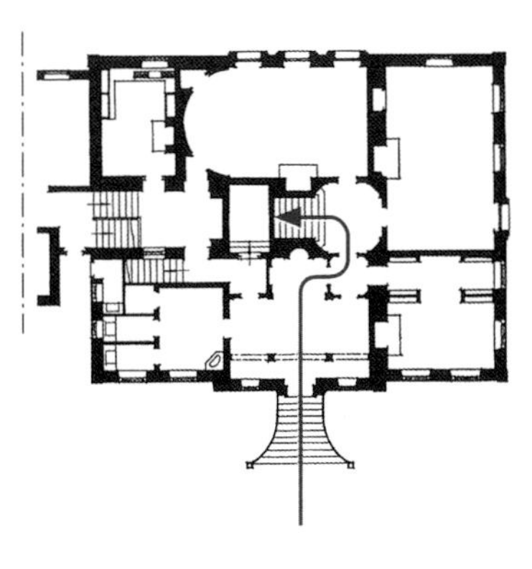

1

5

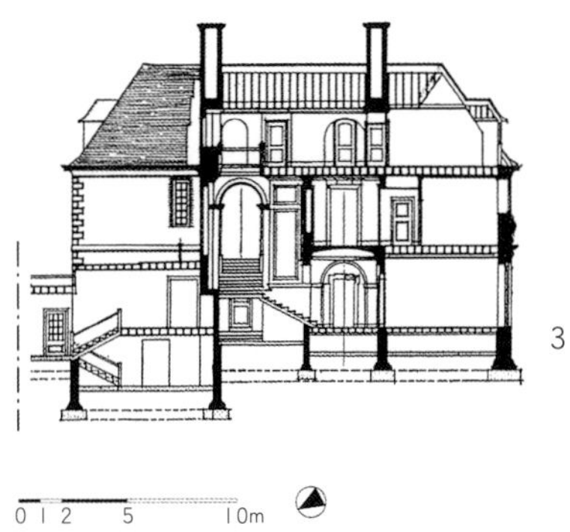

3

0 1 2 5 10m

1. 一层平面图
2. 二层平面图
3. 带楼梯的横剖面图
4~5. 一层楼梯底部
6. 二层看向楼梯的透视

Little Thakeham，斯托灵顿，萨塞克斯，英国

埃德温·路特恩斯

1902

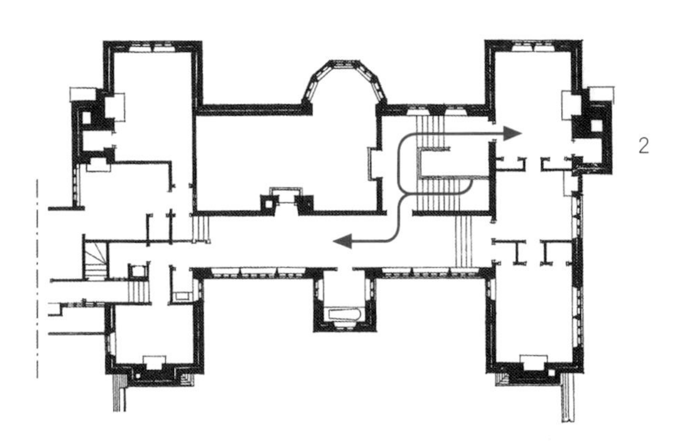

3

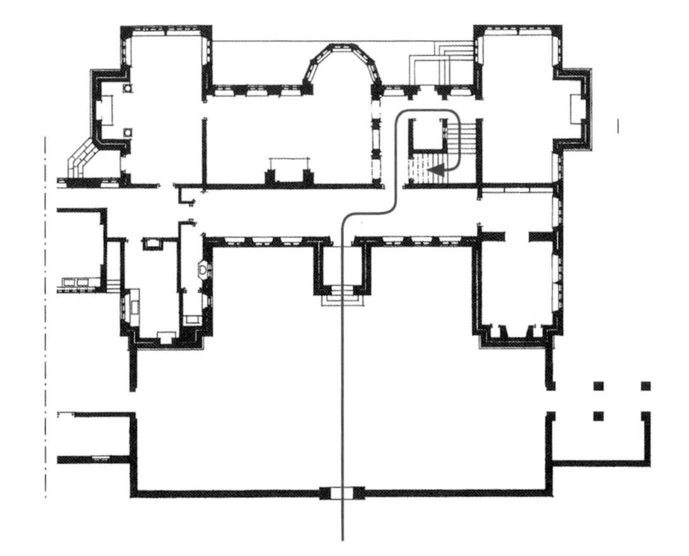

1. 一层平面图
2. 二层平面图
3. 大厅
4. 起居室的楼梯

4

路特恩斯声称位于斯托灵顿（Storrington）的 Little Thakeham 是他最成功的乡村别墅，在工艺美术的风格中，空间活动被复杂的楼梯戏剧化地展示出来。

在这个大厅中，除了这部分设计得如此任性，其他部分都非常严谨，因此身处其中就好像站在一个布置好的舞台上。

二层的走廊就像是剧场内的包厢一样，提供了一个宏伟大厅的全景视角，与楼梯间的风格一致，二层的这个开口也使用了厚重的边框处理。着重处理的边框吸引了人们的注意力，使人们没有注意到这个开口处正好在壁炉上方，从而巧妙地隐藏了烟囱。

有时候路特恩斯建筑中的奇特之处掩盖了其独特性和空间处理的现代手法。维也纳建筑师约瑟夫·弗兰克（Josef Frank）所设计的贝尔住宅（Haus Beer），即被大家所熟悉的“温斯加维住宅”（ the house in the Wenzgasse，1929～1931）中也有与路特恩斯的 Little Thakeham 一样的空间设计。在外形上，贝尔住宅是一个抽象的、抹平的盒子，毫无疑问“现代”得多，就像路特恩斯的 Little Thakeham 一样，室内设计带有一种戏剧的空间，房子中间是一个通高二层并直接面向其他房间的大厅，一个引人注目的楼梯贯穿整个大厅，并通过一个开放的平台与图书区和音乐房相连。楼梯蜿蜒穿过那个现代的、近乎极简的、像一个柯布西耶的多米诺骨牌版的混凝土框架里，也可称作传统结构的房子中，使得它和只由一根圆柱支撑的平台似乎形成了一种装饰性。

正是由于以上的这些特性，使很多人认为这座房子是卢斯“空间设计”（房间在不同高度上直接相连）和柯布西耶“自由平面”（用柱子支撑达到平面的多样性及室内解放）的综合体。

弗兰克在他自己的文章《作为路径与场所的建筑》[Das Haus als Weg und Platz（The House as Way and Place）] 中解释过设计理念，正如题目所述，文章描述了英国乡村别墅的空间性，但并未提及其是设计的源泉。然而，柯布西耶曾预测这种艺术家工作室的非常规空间是一个灵感来源。这里提到了一种波西米亚的生活方式，与弗兰克反对传统的空间与室内设计是一致的，而且它本身向往自由的性格也决定了空间的随意性。

卢斯的“空间设计”消解了其作为一个独立的、自成系统的元素，因此，英国别墅似乎引导产生了两个相互矛盾的空间组织秩序：一种是环道完全引导和统治了空间组织；另一种是环道完全消失在了空间中。

将环道合并到房间中的生活方式早在“空间设计”运动之前就被介绍到美国。这种将家看成是连续空间的理念在美国很快被大家所接受，因为美国的建筑师没有欧洲传统设计的历史包袱。弗兰克・劳埃德・赖特早期的住宅设计中就展现出了他对于流动空间的迷恋，他的作品还经常将房间与环道的差别减小到极致。

在赖特早期的住宅设计中，他设计了一系列在后期作品中也常见的固定模式，这些固定模式与程序和尺度无关：主要的房间都交融在一起，只有那些无法开向公共区域的房间被放置在一个基本的体块中。在这些设计中，“环道”好像消失了，但是空间中的活动恰恰是由这些封闭体块的位置决定的。

赖特的大量作品几乎都如出一辙。他在 20 世纪 30 年代所做的美国风住宅，作为城郊住宅的原型，堪称典范。斯坦利・罗森鲍姆住宅（The Stanley Rosenbaum House，亚拉巴马州的佛罗伦萨）是一个典型的“美国风”住宅，一层开放性的空间被壁柜、壁炉，以及一个包含厨房、卫生间和另一个小火炉的封闭空间所分隔，形成起居室、餐厅、学习房和三个卧室。

在 20 世纪四五十年代，这种开放式的平面而非集中按功能排列的平面被很多建筑师研究和追捧。在雨果・哈应（Hugo Häring）的作品中有一个例外。在一个未建成的作品“某单层住宅”（a single-story house）中，空间完全依据不同功能之间的路径来排列，哈应使用了“故意的形式”[Leistungsform（purposive form）] 来描述这种空间的联系。

艾莉森・史密森和彼得・史密森（Alison and Peter Smithson）夫妇在他们一系列概念设计中，经常研究房间与流线统一的平面设计，并发展出“装置建筑”（The Appliance House）。这些平面将家庭看成一个单独的空间，其中包含了不同的单元，例如真正私密的房间，还有当时开始大量增加的“家庭装置”。1959 年在为英国霍克赫斯特（Hawkhurst）的霍姆斯特德家族设计的“退休住宅”（the Retirement House）中显示出与赖特的“美国风”如出一辙的理念；草图平面与雪球住宅（snowball house）和斗室住宅（cubicle house）相似，通过创造一个围绕中心空间的墙体增加了实用的单元。从这方面讲，斗室住宅与 8 世纪的多佛城堡的平面如出一辙。

模式的回归与家庭的模式有关，第一次世界大战之后，公共空间与私密空间的区别渐微。纵然“路径”作为私密与公共空间之间的过渡环节已经存在了几个世纪，但第二次世界大战带来的民主风甚至开始质疑“路径”的意义，尤其是在公共和工业建筑中。从 20 世纪 70 年代开始，走廊日渐成了社会联系的障碍。例

贝尔住宅（Haus Beer），维也纳，奥地利

约瑟夫·弗兰克

1929～0931

5

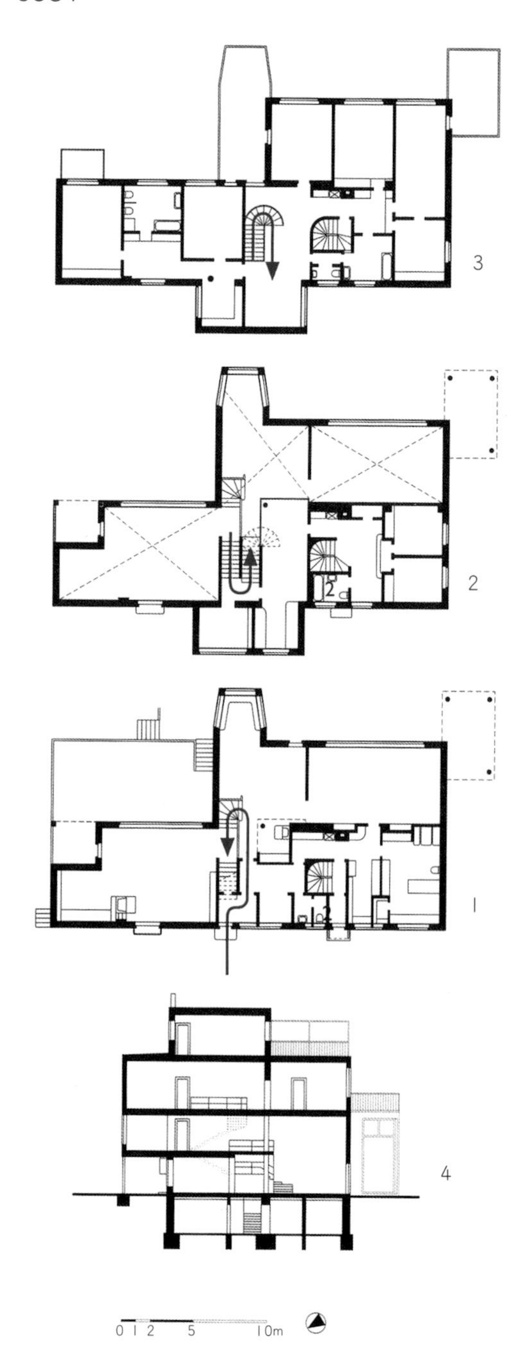

1. 一层平面图
2. 夹层平面图
3. 二层平面图
4. 带大厅的剖面图
5. 立面街景
6～9. 带夹层的大厅

6

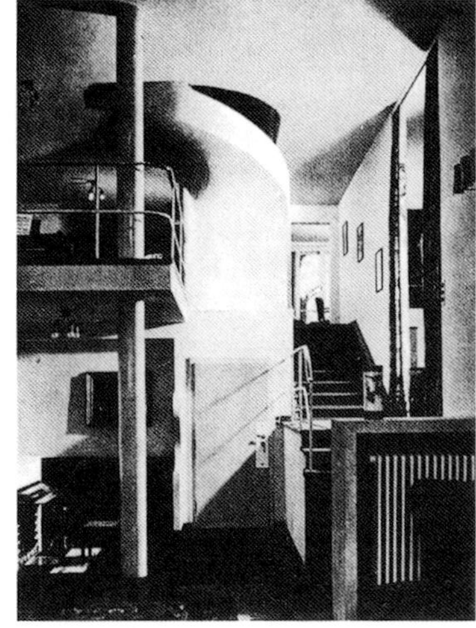

7

8

9

斯坦利·罗森鲍姆住宅，佛罗伦萨，亚拉巴马州，美国

弗兰克·劳埃德·赖特

1939～1940

4

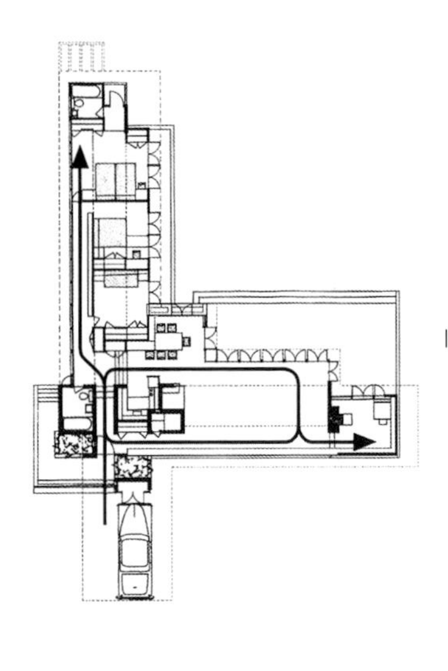

1

2

3

1. 一层平面图
2. 街景立面
3. 花园侧立面
4. 起居室

某单层住宅

雨果 · 哈应

1946

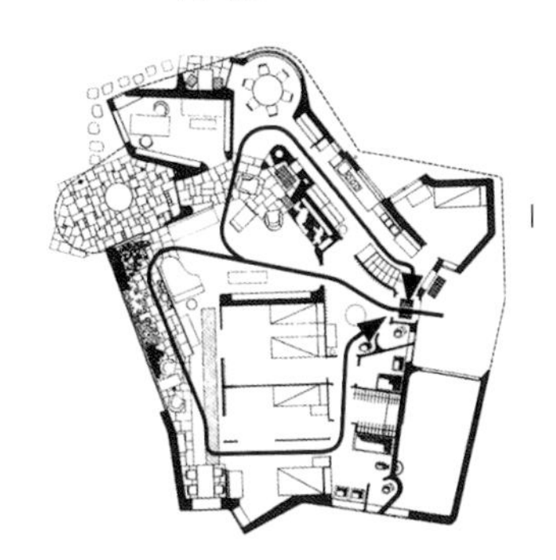

1

1. 一层平面图
2. 东立面图

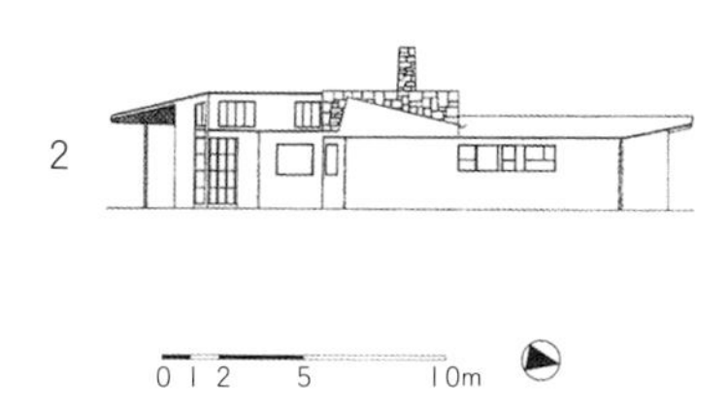

2

0 1 2 5 10m

装置建筑

艾莉森 · 史密森和彼得 · 史密森

1956～1959

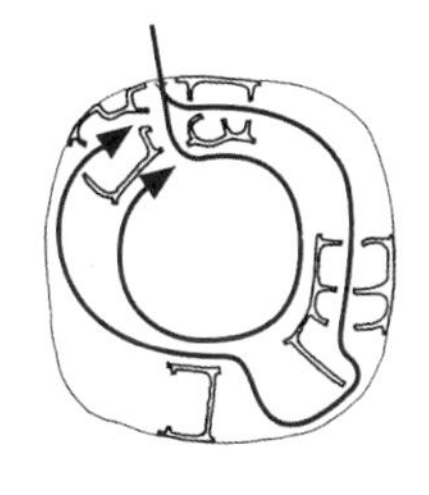

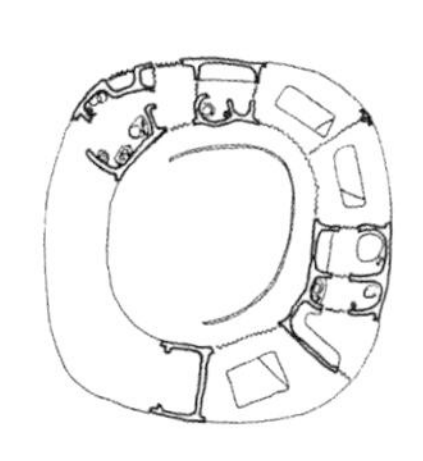

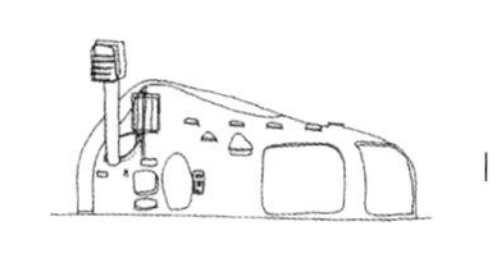

1

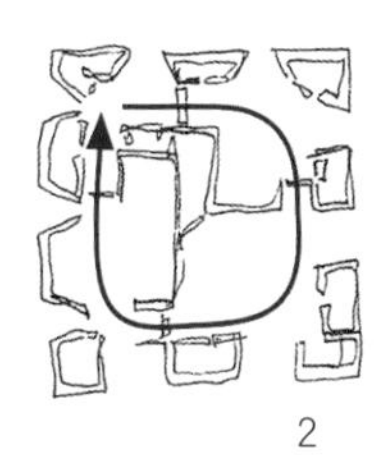

2

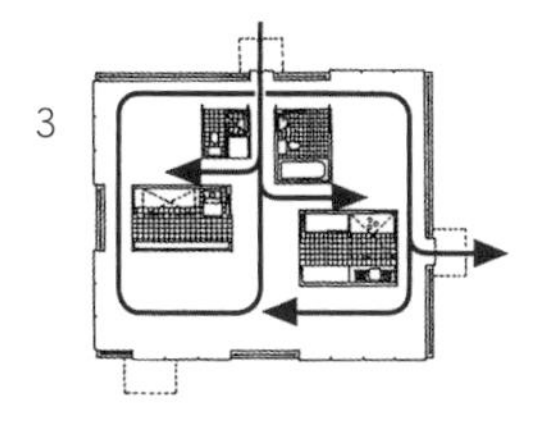

3

1. 雪球住宅草图
2. 斗室住宅草图
3. 退休住宅（霍姆斯特德家族，霍克赫斯特，肯特郡，英国）

如英国的建筑史学家罗宾·埃文斯（Robin Evans）于1978年在《建筑设计》（Architectural Design）上发表了一篇文章，可以看作是“反对走廊”的宣言。他将“走廊计划”的发展定义为一个全体的“脑叶切除术”，旨在除去巨大的社交空间。文章肯定了建筑通过房间之间的联系达到社会交流。这篇文章不是一个孤立的现象，是开放大平面复兴的一部分，尤其是在办公建筑中，公共花园和景观日渐成风。

1971年，诺曼·福斯特设计了位于伊普斯威奇（Ipswich）的威利斯·费伯&仲马（Willis Faber & Dumas）大楼。这栋建筑的结构全透明，没有墙的扶梯串联了不同的楼层，电梯也动态地串联了整栋建筑，但并没有进一步造就空间的区别性。这正反映了埃文斯的理念：在一个开放、民主的社会中，建筑应该是不分等级的。其独特之处还在于领导的办公室并没有位于有利的位置，并且扶梯直接通向顶层的餐厅。餐厅与泳池（同处一层）共同组成了这栋房子的公共空间。

几乎所有执此理念的案例，从弗兰克·凡·克林格里（Frank van Klingeren）设计的位于德隆顿（Dronten）的米尔帕尔（De Meerpaal），到20世纪60年代赫曼·赫兹伯格工作室（Herman Hertzberger’office）设计的位于阿尔贝顿的保险总部大楼（Centraal Beheer in Apeldoorn），再到20世纪90年代MVRDV在希尔弗瑟姆（Hilversum）做的Villa PVRO项目都具有一定争议。逐渐地，人们发现在一个大的、未分隔的空间中越来越难容纳多样式（pluriform）的功能，从而更加凸显了走廊作为联系的重要性。

因为今天大多数的房子都是成品，比20世纪初期的乡村别墅要简单很多，走廊在家居中的空间和功能意义经常被限制和弱化了。

对于有复杂功能的建筑来说，走廊的形式和特征仍然有着重要意义，适用于家居的模型也同样适用于其他类型的建筑。这不见得都要像丹尼斯·拉斯顿（Denys Lasdun）所做的可以俯瞰摄政花园的皇家医学院（Royal College of Physicians）一样，一定要是原封不动的模式。就像之前讲过的哈德威克府邸一样，方案用一个连续的路径串联了房间，这些房间与公共空间之间的关系或开放或隐秘。中心大厅就像一个心脏，血液从干线和走廊循环涌来围绕至中厅，拉斯顿故意用此隐喻来纪念17世纪一个本校的著名医学家威廉·哈维（Willam Harvey），正是他发明了血液循环系统。

在哈德威克府邸四百年后，有一个相似的路径设计出现在库哈斯设计的荷兰大使馆（Dutch Embassy）中，远比哈德威克府邸夸张的是这里的路径——用 OMA 的专用词来说就是“轨迹”（trajectory），其形式已可以成为一个新的发明，在整栋九层的建筑中斜切出一道路径，从而成为整栋建筑的标志。这个路径通过移步换景将建筑与周边紧密联系起来，串联了所有房间，并使用了大量的透明材质，然而事实上，透明的界面其实是与大使馆的安全性相悖的。

活动在建筑中起了结构性作用的另一个（半）公共建筑案例是保罗·泽姆博（Paolo Zimbres）在 1972 年为巴西利亚大学设计的神职教育大楼（Edifício da Reitoria）。虽然其外形并不规则，但内部通过将房间与环路相连，达到了空间的清晰。在建筑的中央，楼梯和坡道串联了大的平台，上面布置着或多或少的公共房间，如报告厅等，因为楼梯间和坡道可以直接俯瞰大平台，从而产生了内外空间的联系。因此室内空间的活动与室外空间的活动无缝衔接，模糊了室内外的界限。另外，露台上茂盛植物中生活着鸟类和猴子，这也促使建筑完全融于环境之中。建筑体量和空间在这儿都屈居二线，起主导作用的是空间中的活动以及人们在建筑穿行中感受到的室内外环境的过渡。

威利斯·费伯 & 仲马大楼，伊普斯威奇，英国

诺曼·福斯特

1971～1975

5

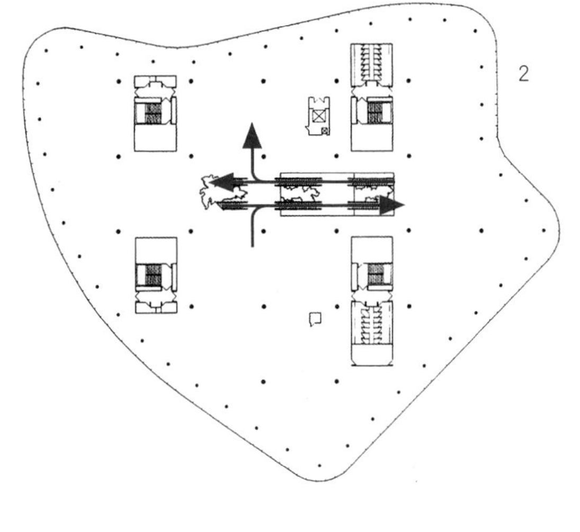

2

1. 一层平面图
2. 三层平面图
3. 带电梯的剖面图
4. 中心带电梯的开放空间
5. 带酒店和草地的顶层

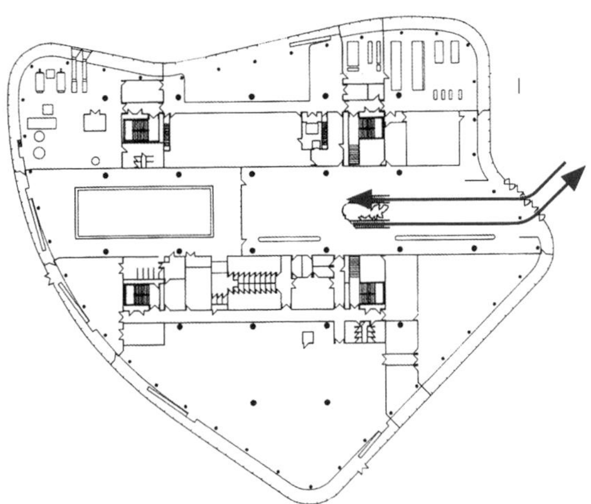

1

4

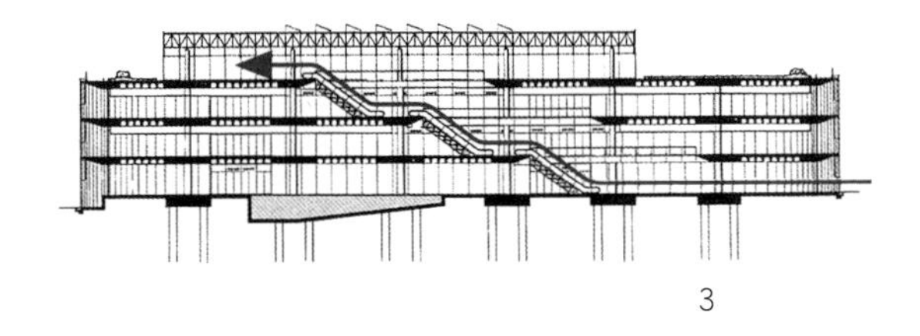

3

0 2 5 10 25m

6

皇家医学院，摄政公园，伦敦，英国

德尼斯 · 拉斯登

1959

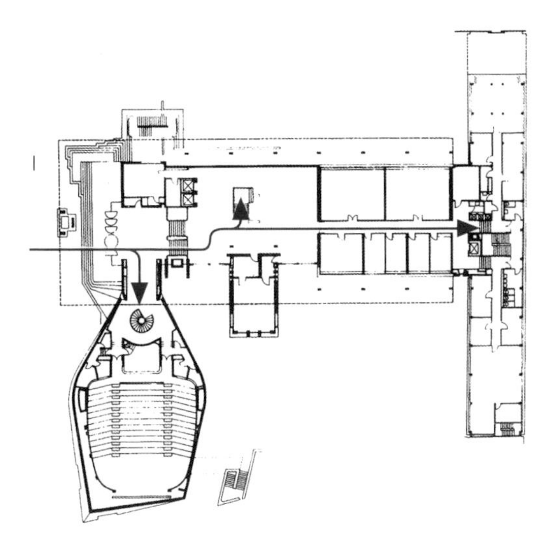

1

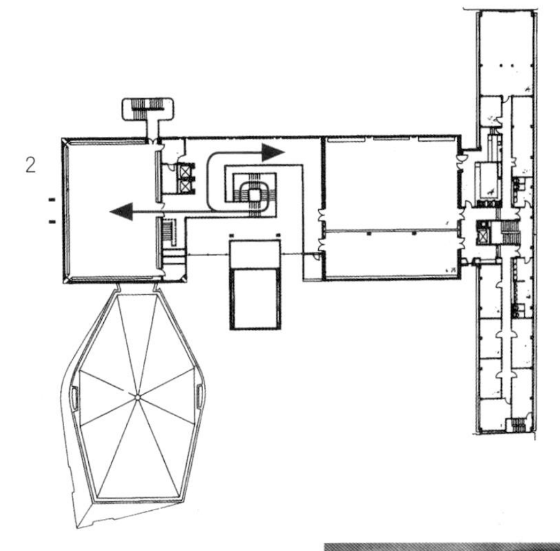

2

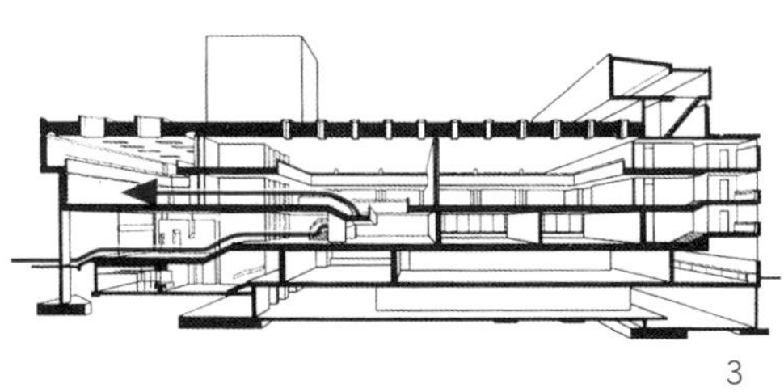

3

5

1. 一层平面图
2. 二层平面图
3. 带中庭的剖面图
4. 从一层看楼梯间
5. 从三层看楼梯间
6. 二层走廊

4

荷兰大使馆，柏林，德国

OMA/ 雷姆 · 库哈斯

1997～2003

7

1. 第一级，3.7 米标高平面图
2. 第三级，8.65 米标高平面图
3. 第六级，14.25 米标高平面图
4. 第九级，20.50 米标高平面图
5. 立面街景

6～7. 轨迹

6

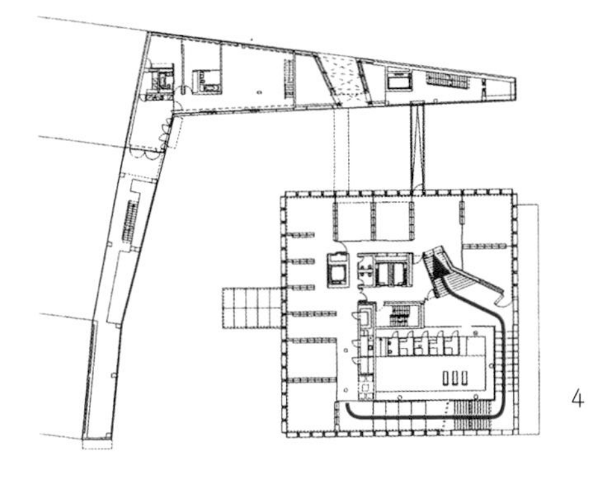

4

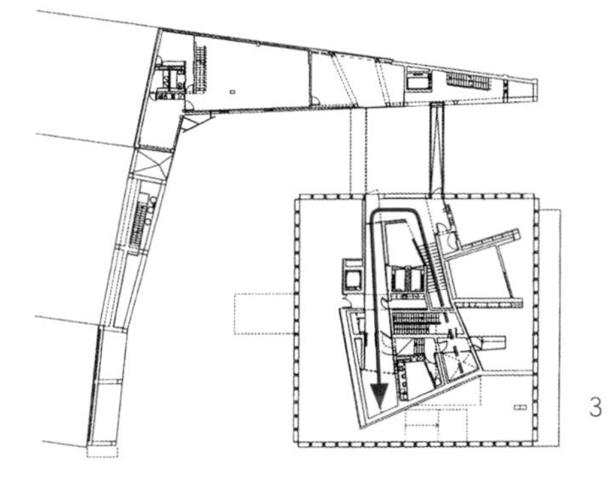

3

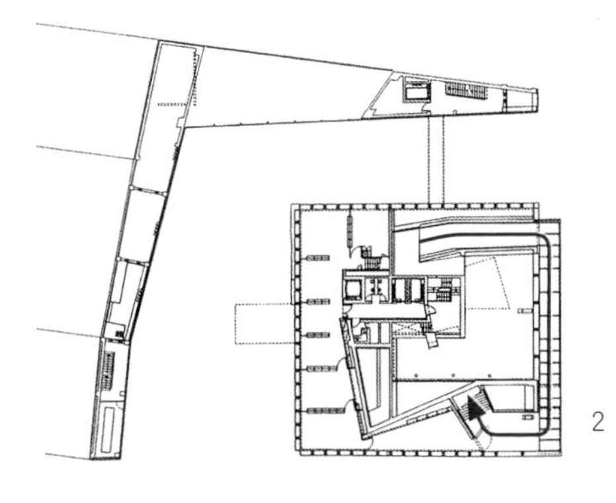

2

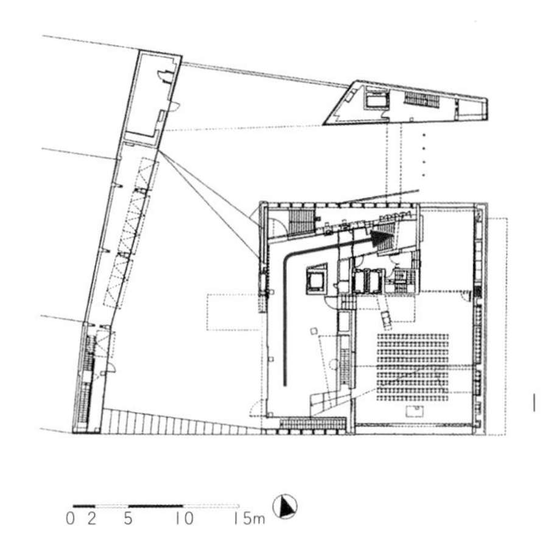

1

5

神职教育大楼，巴西利亚，巴西

保罗·泽姆博

1972～1975

6

7

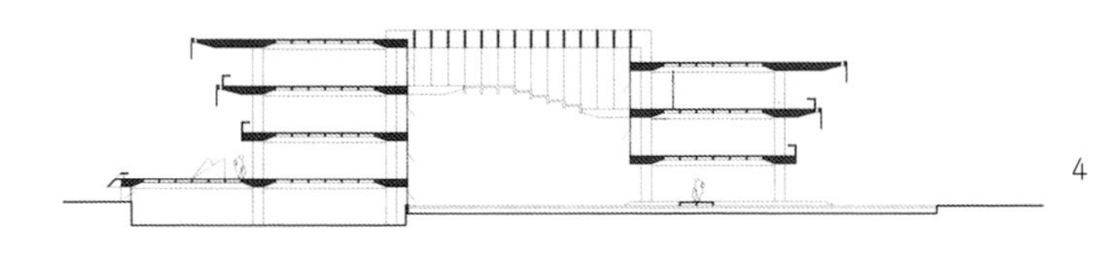

4

8

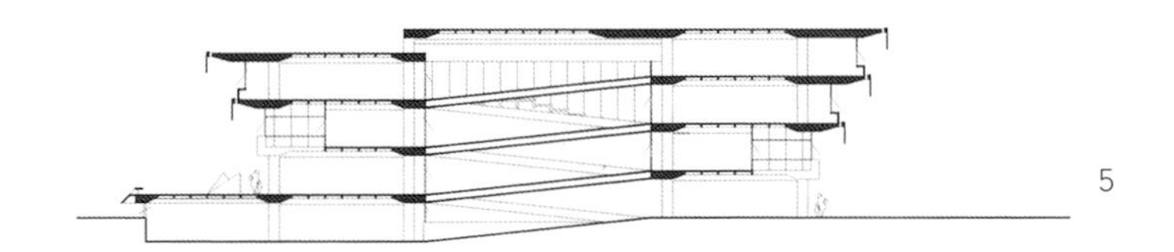

5

9

1. 一层平面图
2. 四层平面图
3. 六层平面图
4. 中庭横剖面图
5. 坡道横剖面图
6. 外观
7. 建筑中心天井区域

8～10. 带楼梯和坡道的天井区域

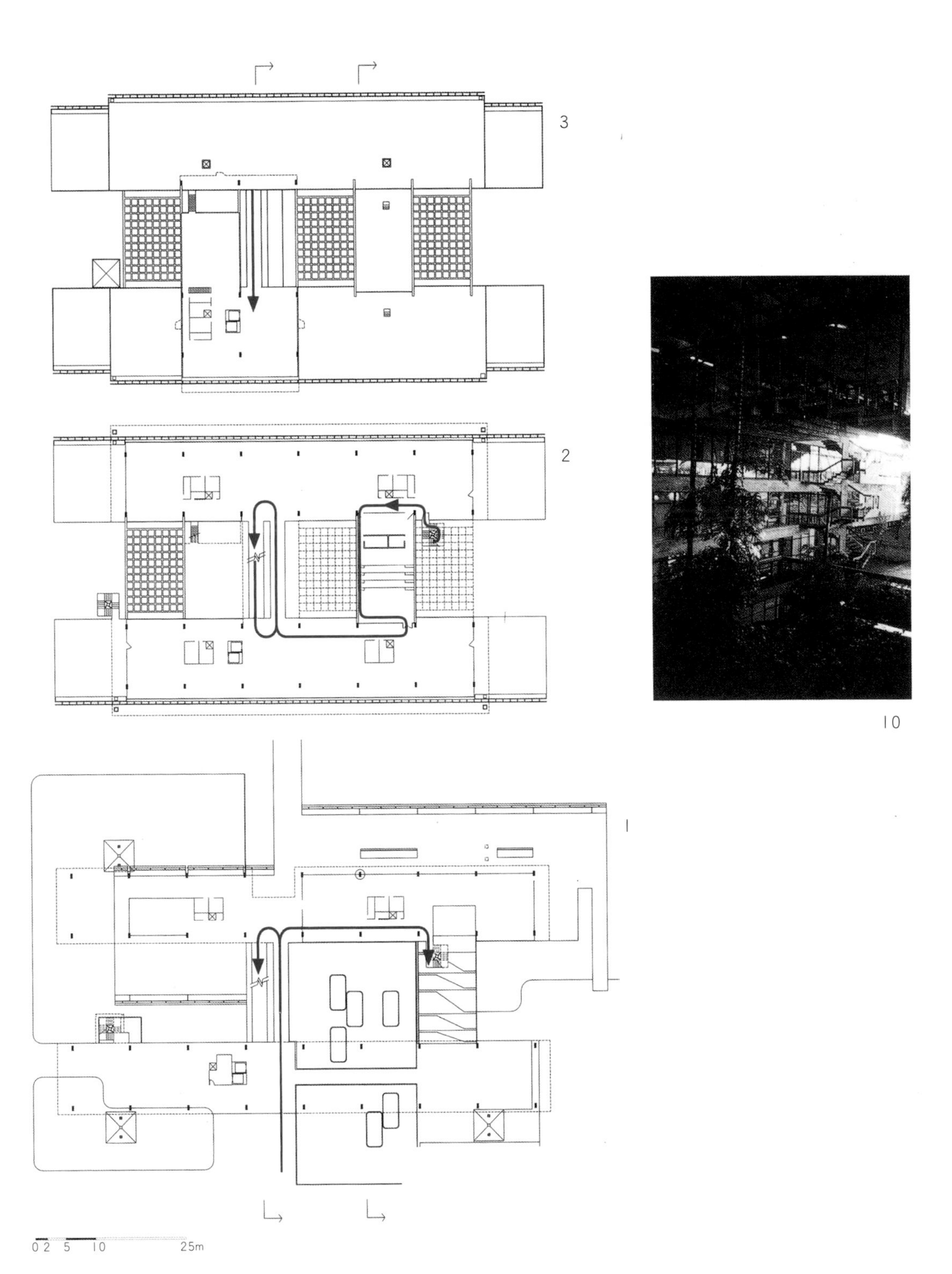
3
2
1
10
0 2 5 10 25m

走廊使得不同种类的空间得以共存，这使它在建筑中成为一个重要的空间手段，可以调和私密性、多样性和空间密度。因为其功能的中立性，走廊可以赋予建筑长久的功能灵活性。

环道与使用空间的相互交织可以增强空间的品质和丰富性，但同时也危及其功能使用。走廊的位置，以及与其他功能联系和分离程度的拿捏非常关键。

下面的六个住宅设计中，实践了很多走廊设计的原则。在这些住宅中，平面或剖面上的活动清晰地界定了空间的属性。在四个实用项目的案例中，不同功能和不同类型活动之间的矛盾引导了更复杂的空间结构。通过将各种类型分开处理，这些建筑实现了功能上的清晰区分。

R R R

R R R

R R R

1 运河边的房子，爪哇岛（Java Island），阿姆斯特丹

这栋房子是阿姆斯特丹爪哇岛上沿河建筑中的一栋，尽管对钢筋混凝土结构有比较严格的限制，设计师仍尝试在严格的体系中释放空间的自由。这就形成了不同高度上互相紧扣的房间。房间由一条连续的楼梯串联，楼梯在每层上位置都不一样，一层有一个 6 米高的起居室，同时顶上还有一个通过屋顶天窗采光的工作室。

9

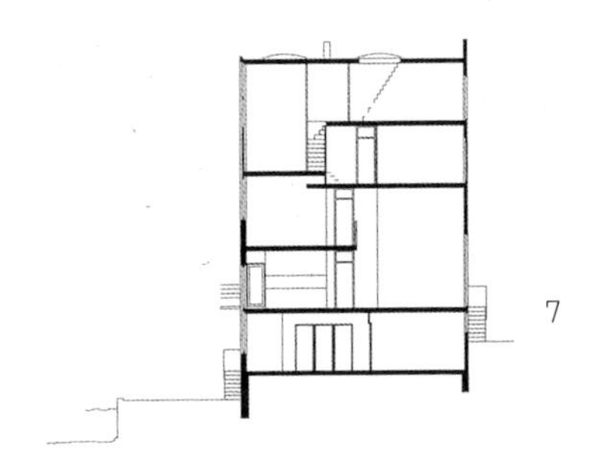
7

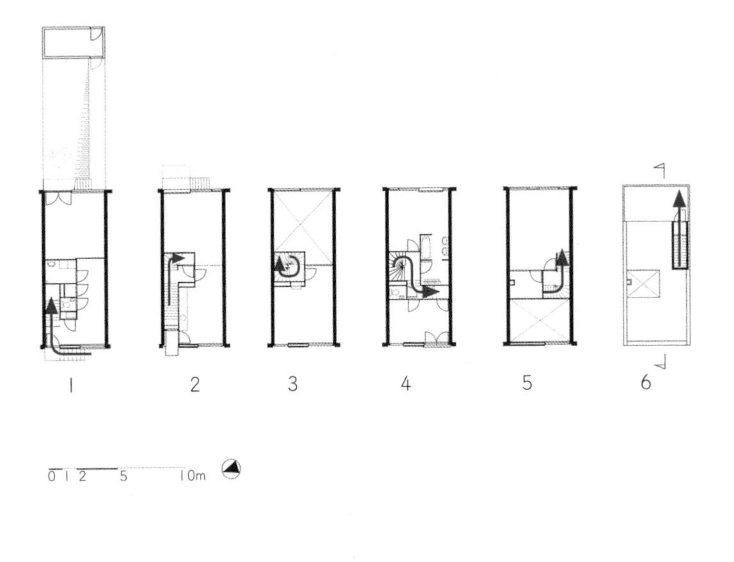

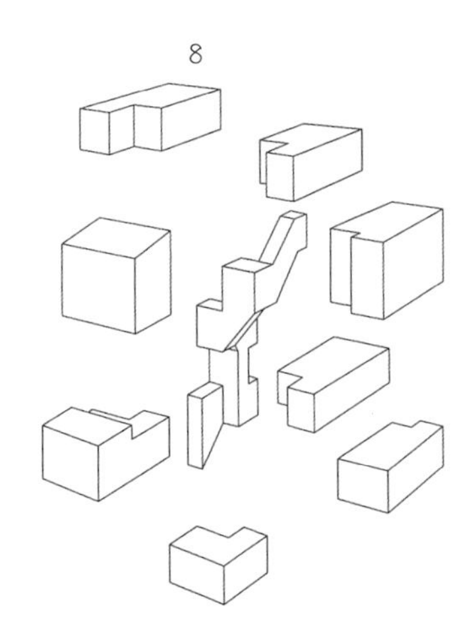
8

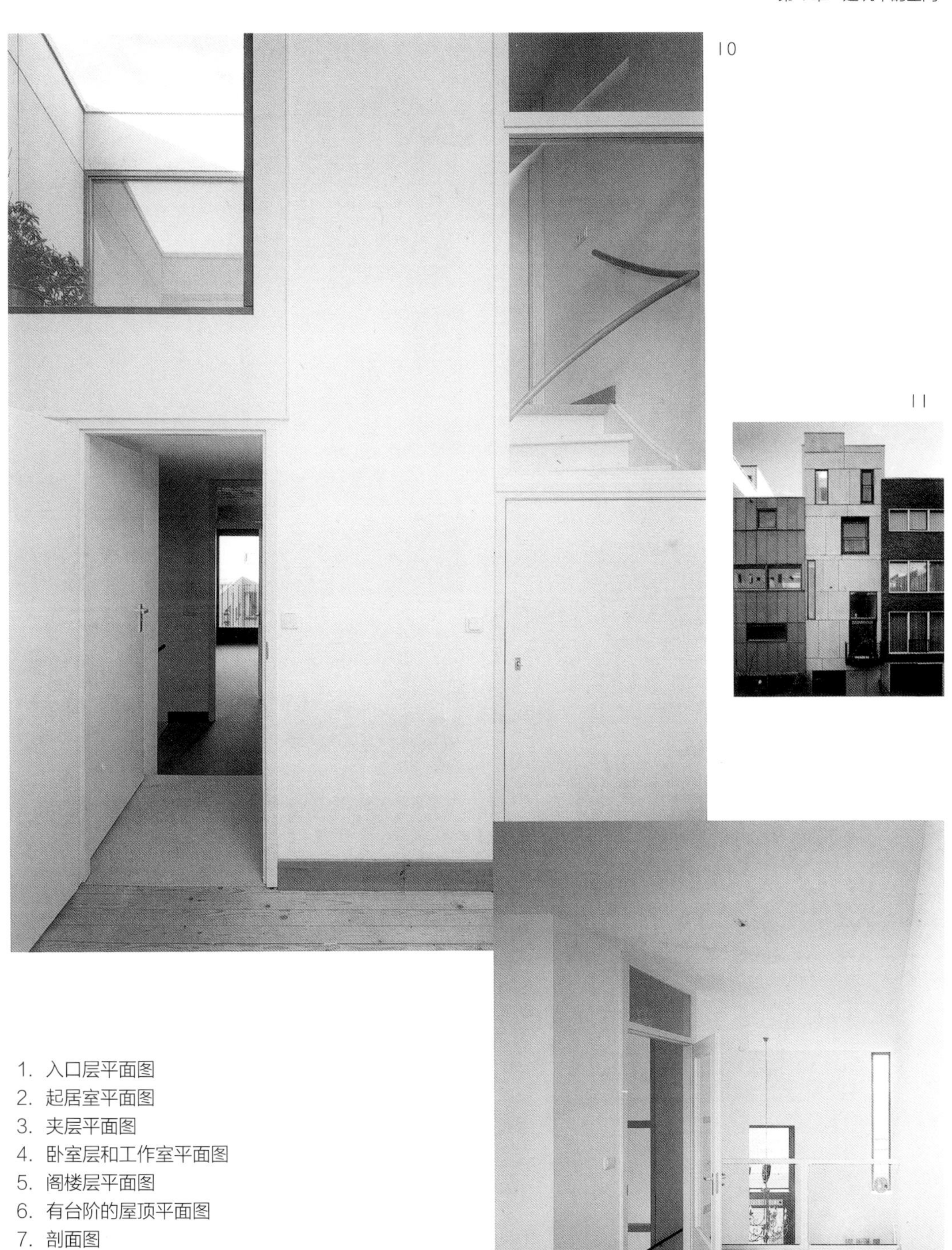

1. 入口层平面图
2. 起居室平面图
3. 夹层平面图
4. 卧室层和工作室平面图
5. 阁楼层平面图
6. 有台阶的屋顶平面图
7. 剖面图
8. 围绕楼梯间的功能空间
9. 运河边的立面
10. 工作室
11. 背立面
12. 夹层

2 私人住宅，Valeriusstraat，阿姆斯特丹

这是一个典型的阿姆斯特丹住宅，大约建于1900年。建筑下半部的三层室内空间被重新设计。被剪力墙分隔的两个狭长的空间结构形式被保留下来，其中稍宽的作为房间，窄的作为走廊，通过在楼板上开洞，产生了一个9米高可以串联所有房间的入口空间。在这个空间中，楼板直接被切断，以前的房间门变成了大厅上的窗户。较宽的空间尽量做得开放。二层的卫生间被设计成一个夹在两个卧室之间的家具。所有的横隔墙都被移除，有些被玻璃隔墙所取代，因此光线可以穿透到房子的中心位置。

8

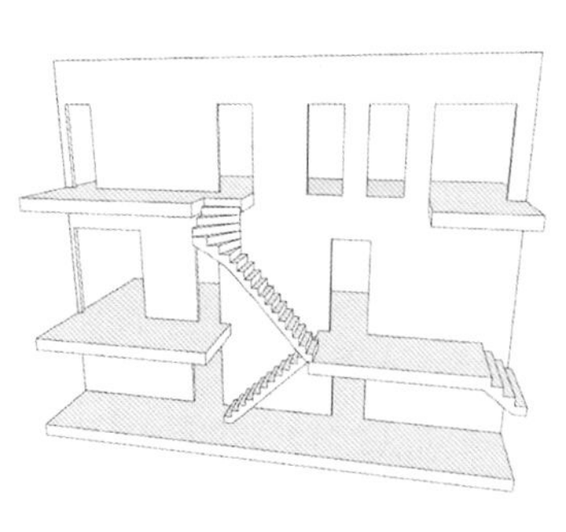

5

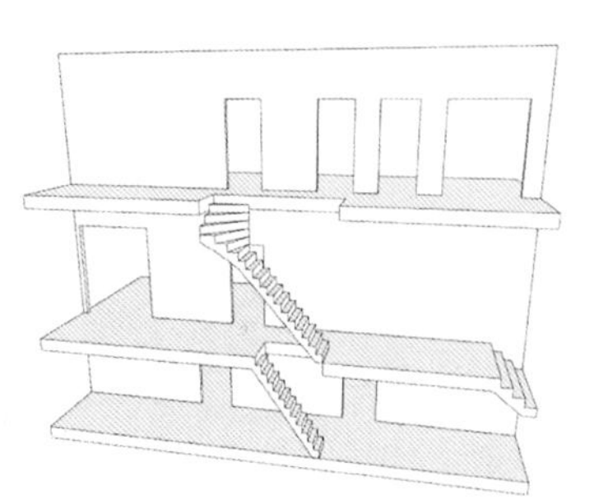

9

10

6

7

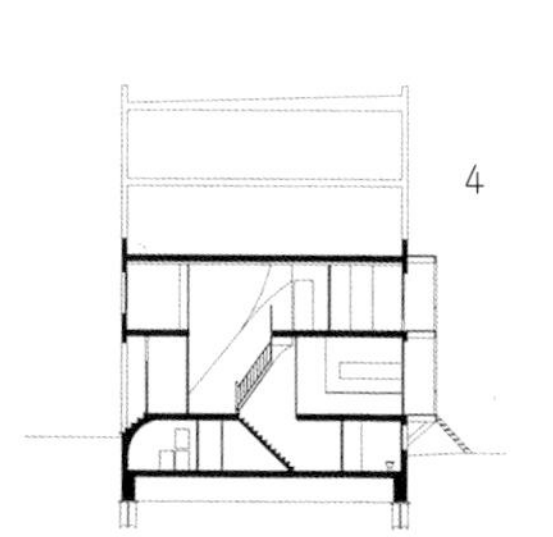

4

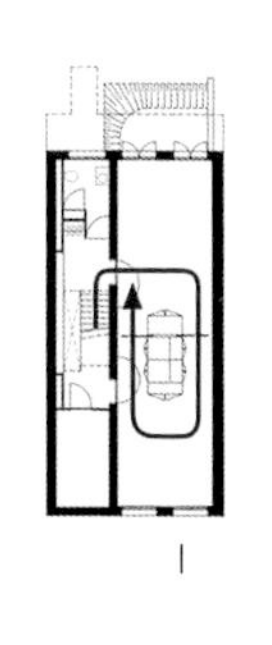

1

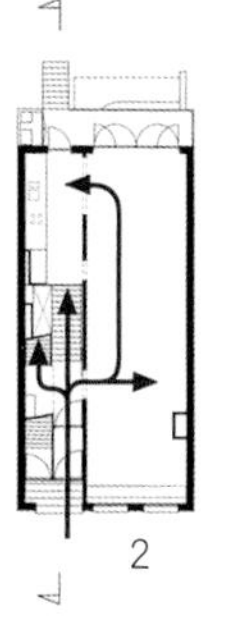

2

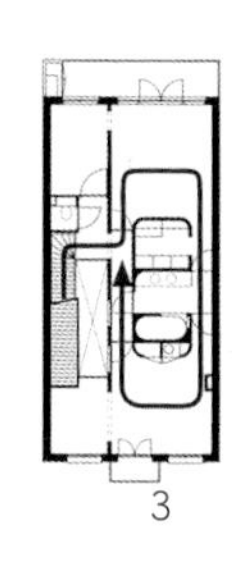

3

1. 地下室平面图
2. 一层平面图
3. 二层平面图
4. 剖面图
5. 窄剖面更新前后对比
6. 从入口看门厅
7. 从二层看门厅
8. 起居室
9. 带有弧形衣柜的靠近花园侧的卧室
10. 卫生间

3 住宅，婆罗洲（Borneo Island），阿姆斯特丹

Scheepstimmer-manstraat 的住宅兼工作室是阿姆斯特丹岛上 60 个系列住宅中的一座，挤在两个邻居之间的用地非常小，前面是街道，后面是以前的停泊码头。3.8 米的面宽内，在低造价要求下，要容纳一个家庭、一个工作室，还有一个合适的停车位。在允许的最大体积内要创造出足够的面积来容纳这些功能。体量中唯一的贯通空间是两个采光井，一个尺度是 1 米 ×1 米，另一个是 2 米 ×2 米，这两个采光井为整个 16 米进深的室内提供光线。建筑内有两个独立的环道系统。一个连续的楼梯，从街面直接通向顶层的工作室，另一个环道包括坡道、螺旋楼梯和直跑楼梯，把分散到三层的私密空间串联起来。

7

10

11

8

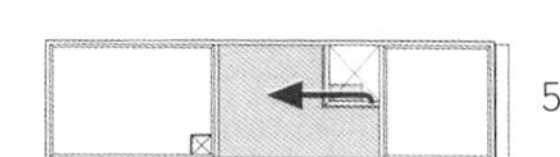

5

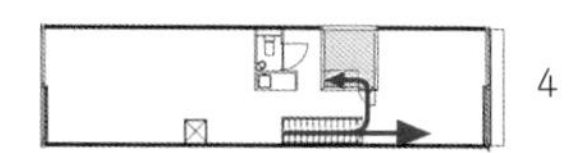

4

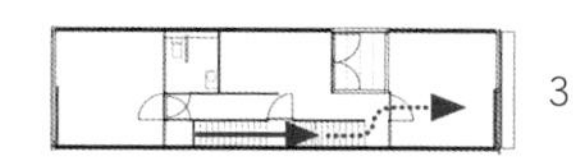

3

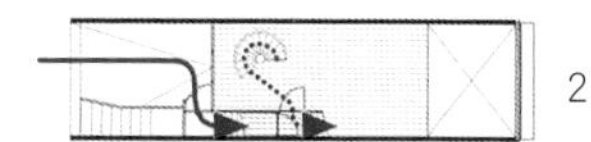

2

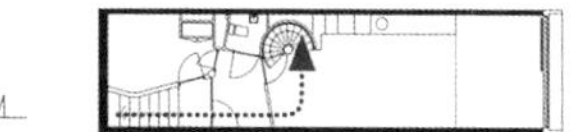

1

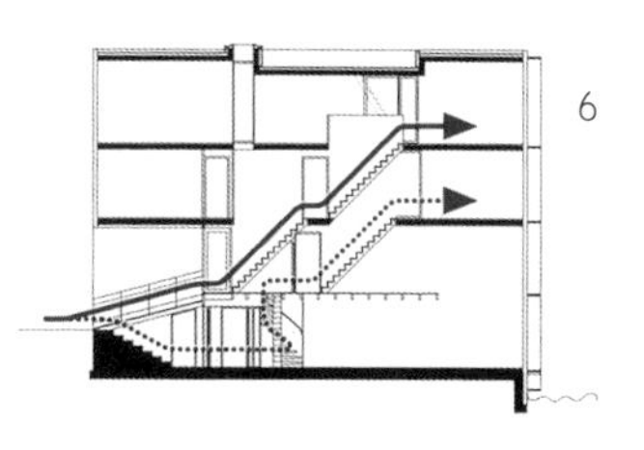

6

9

1. 地下室平面图
2. 中间层平面图
3. 卧室层平面图
4. 工作室平面图
5. 屋顶层平面图
6. 剖面图
7. 临街立面
8. 沿水背立面图
9. 中间层

10～11. 工作室

4 婆罗洲端头公寓，婆罗洲，阿姆斯特丹

这栋公寓位于阿姆斯特丹婆罗洲 57 栋住宅单元的端头，是一个顶层户型。根据为本区域城市规划制定的 West 8 规定，街区皆为一层的住宅，只有在街区的端头面水处，可以不遵守此规定。这里不允许做那种从底层进入的住宅，三层应分别做出三个户型，而且必须要在规定的混凝土框架内。通过对固定的混凝土结构的测量，尽头剩出半跨结构单元，而且已经做成了暴露的混凝土框架，此处也就正好做一个阳台，因此整栋建筑除了这里，其余全被砖所包覆。阳台上做了一系列结构轻巧的玻璃盒子，可以看成是从混凝土中长出来的室内的萌芽。顶层公寓的设计改变以往四个房间夹一个走廊的设计，而改为一个四边被照亮的空间。虽然建筑的立面非常通透，但作为整体来说，还是一个内向空间。在街道上看来，阳台是被遮挡的，同时，另一个通透的立面却提供了毫无遮拦的水面全景图。

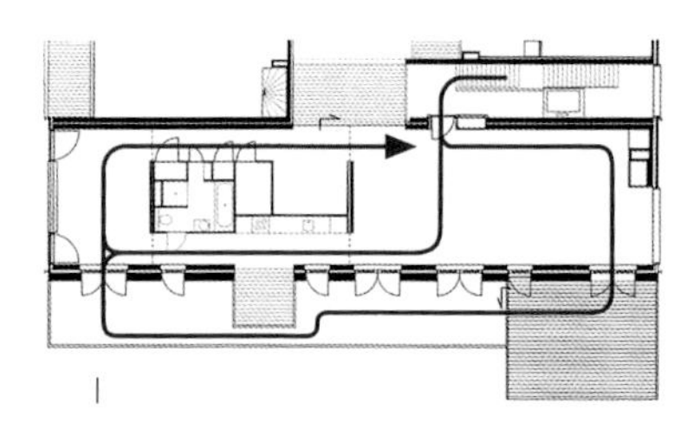

4

5

3

1. 尽端户型三层的平面图
2. 街区尽头
3. 带有玻璃房的阳台
4. 带厨房的核心筒
5. 起居空间

2

5 辛格运河（Singel）旁的公寓，阿姆斯特丹

此住宅原先是一个 17 世纪的货仓。几乎所有的隔墙都被拆除。一个包含了卫生间、厨房和衣柜的结构位于整个空间的中心，因此这个结构既不靠近墙也不通顶。白天光线可以深入公寓中。卫生间中间的门被做成磨砂玻璃门，用以采光。结构的外围包含了很多的储藏空间，厨房面向边墙，滑门将卧室隔离出来。这些门和饭桌都隐藏在此结构的墙体中。

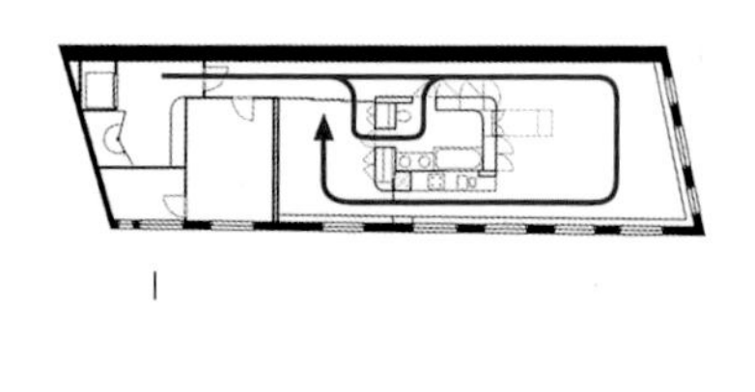

1

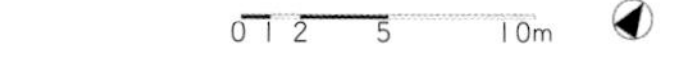

5

2

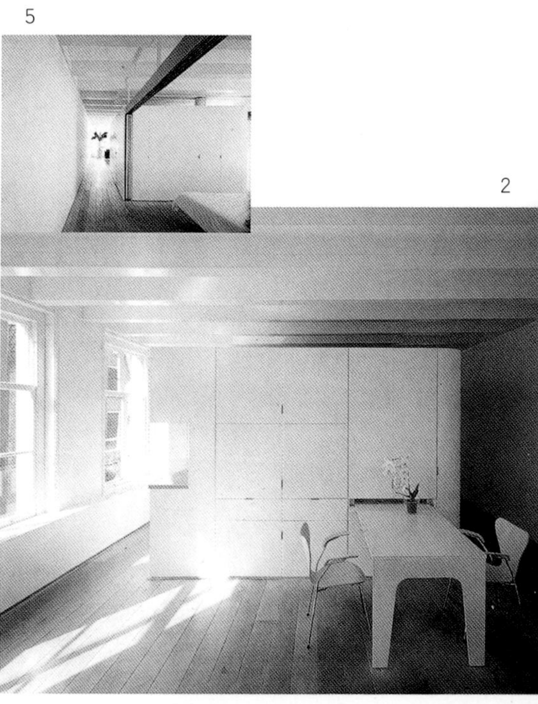

3

4

1. 一层平面图
2. 带有可伸缩饭桌的中心体量
3. 卧室
4. 厨房
5. 走廊区域

6 坐落在前污水处理厂的公寓，阿姆斯特丹

该公寓是奥斯特佛（Oostoever）地区计划的一部分，位于阿姆斯特丹西部的一个废弃的污水处理厂。七个住宅单元坐落在一个圆鼓形的废弃沉淀池中，而公寓位于这七个住宅单元的顶层之上。最高层的这个公寓，跨在圆柱体的边缘上，并且完全通透的立面为其提供了一览无余的景观。为了防止公寓住户被周围住宅的邻居偷窥，这里设置了一个非常内向的起居厅。厅内可以由顶部采光，并且通向其余所有的房间。紧贴外墙的门可以提供另一条独立于起居厅之外的环道。

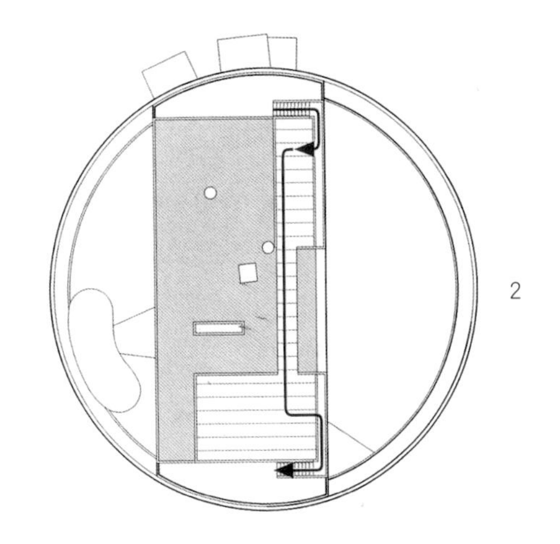
2

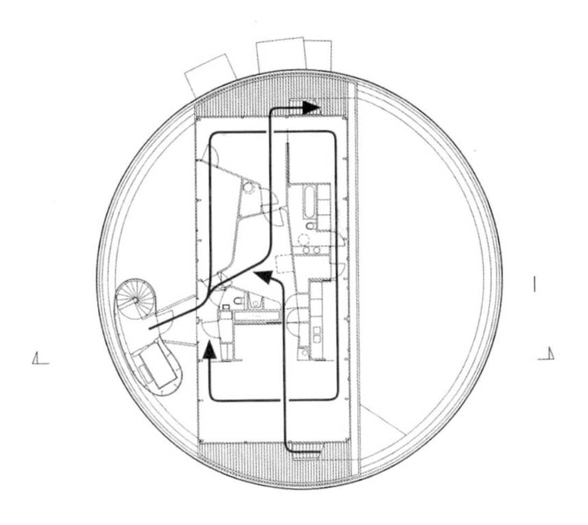
1

4

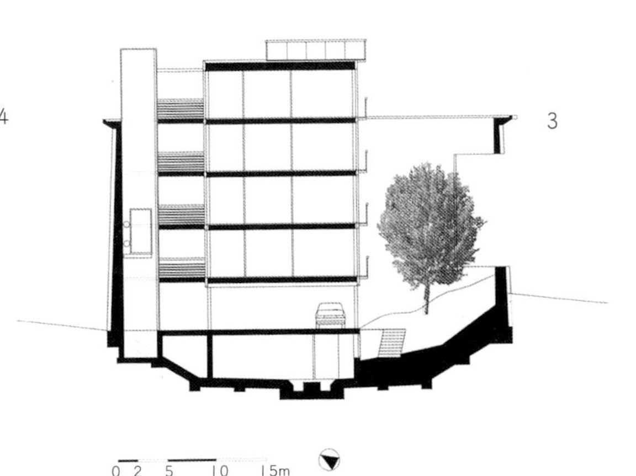

3

5

1. 一层平面图
2. 屋顶露台平面图
3. 剖面图
4. 室内空间
5. 室外环境

7 办公楼，斯滕韦克（Steenwijk）

坐落在市中心绿化带上的这栋办公楼，原来是为住房协会设计的，建成后被一家工程公司使用。建筑的结构由一系列像纸牌一样的剪力墙所组成；墙体在每层楼的方向都不同。因此，位于二层的员工大堂与位于底层的公众大厅产生了扭转关系。四个位于中部的交通核连接了每一层。位于最大交通核中的开敞式楼梯从一楼的公共大厅一直贯穿至三层的餐厅和大会议厅，并可以俯瞰市中心景色。员工办公区位于二层，其走廊围绕着两个交通核，两核之中设置一个小厅，另一部楼梯提供了连接一层客户接待处与二层办公区的捷径。

5

6

1. 一层平面图
2. 二层平面图
3. 三层平面图
4. 剖面图
5. 入口处
6. 一层工作区
7. 二层走廊
8. 连接公共区域的楼梯间

7

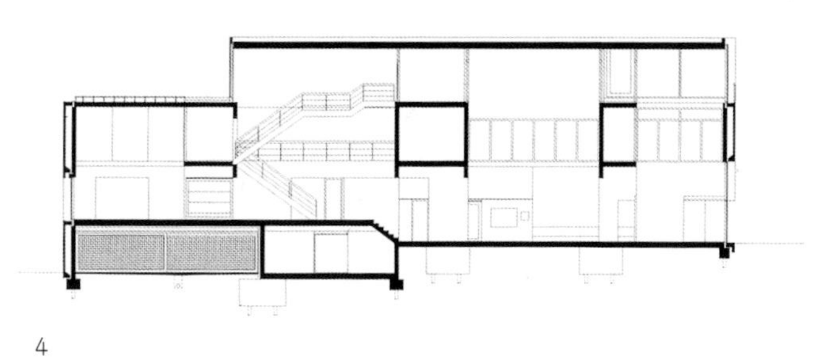

4

8

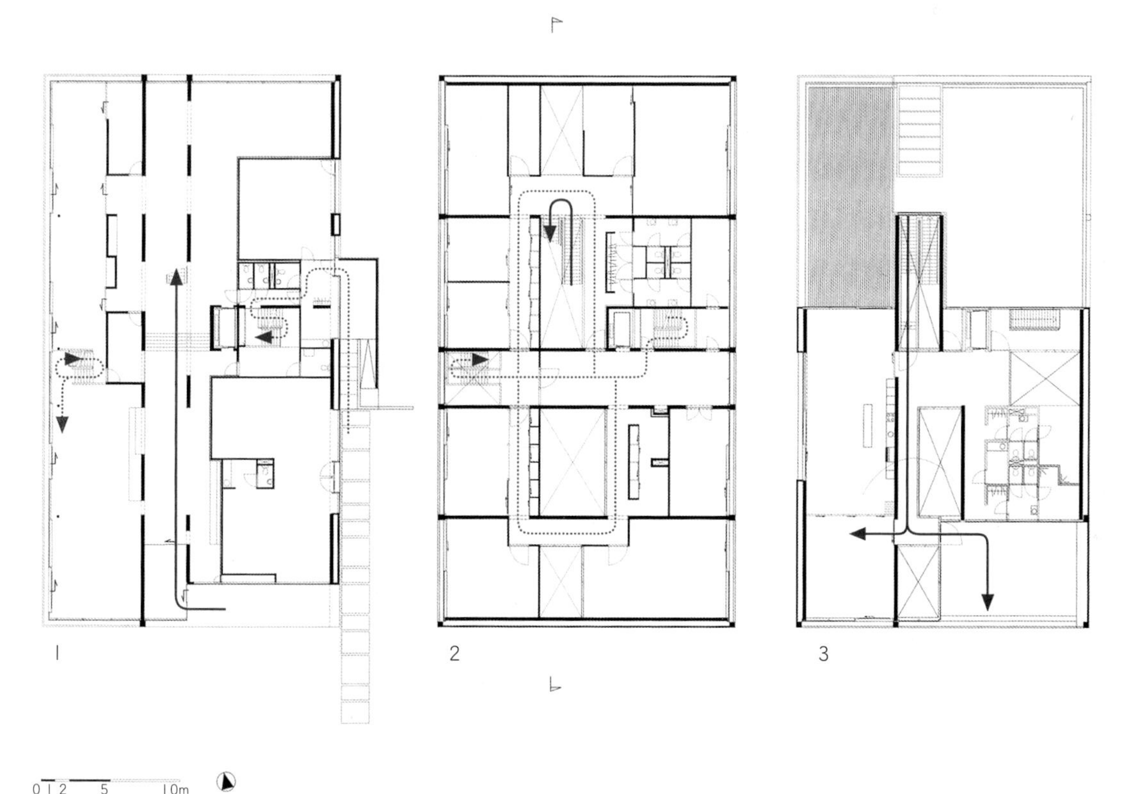

2

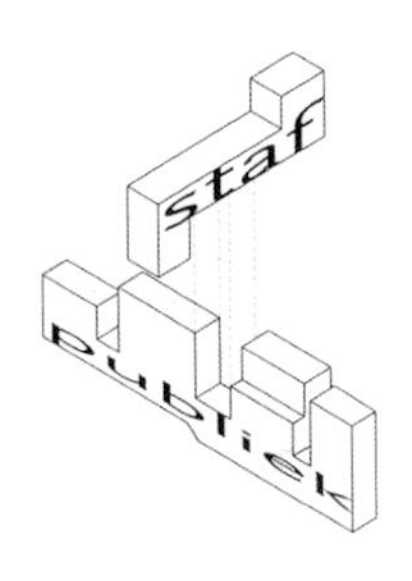

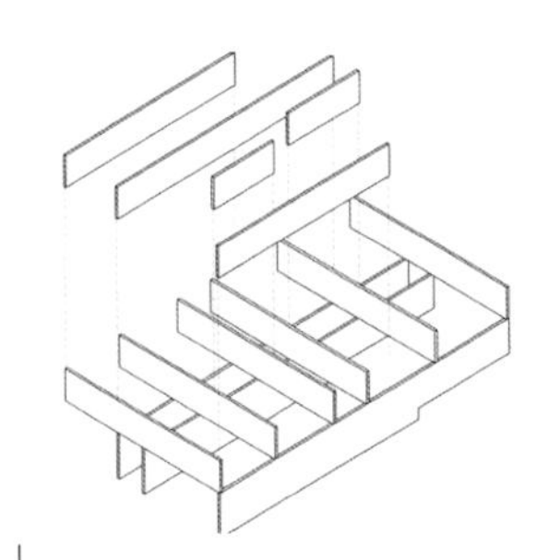

1

1. 空间与结构简图
2. 邻水西立面
3. 背走廊
4. 入口大厅

3

4

8 荷兰大使馆，亚的斯亚贝巴（Adis Abeba），埃塞俄比亚

位于亚的斯亚贝巴郊区的荷兰大使馆，处在险峻的峡谷中，占据五公顷的桉木林。处在基地边缘的老公馆已经被扩建，同时新建了大使馆、大使公寓及三栋员工住房。

这栋新建筑与景观融为一体，并由一条弯曲的道路串联各个部分，警卫室隐匿在荷兰国旗的颜色下，正对道路对面的墙体。

老公馆的加建部分位于现存建筑的下方，是参赞的府邸，它使得现存的公馆好像是漂浮在花园上。三处员工住所紧邻大使馆围墙，并同时隐藏在一道墙后面。这些住所身处不同的梯度，像台阶一样排列，因此每家都拥有毫无遮挡的景观。

大使馆和大使的住所位于整个使馆区的中心，那是一座长长的布满雕刻纹饰的景观建筑，就像从石头中雕刻出来的传统的埃塞俄比亚的教堂一样，外墙的材质使用了与当地土壤同色的红色粗粝混凝土。景观带从中间横切过去，将建筑分为两个功能块。此刻，嵌在景观中的路径跨过建筑，戛然而止于覆顶的客人入口处。在路径插入建筑中时，一个充满浅水的水池屋面映入眼帘，正像是荷兰对于高低起伏的埃塞俄比亚的隐喻。

大使馆的结构布置很简单，皆是房间位于走廊两侧的布置方式。中心走廊拾阶而上，入口位于走廊最低处。这里非常适合布置中型空间，大使办公室即位于此，它通过一个楼梯连接到上层的住宅区。

6

7

1. 大使馆和大使住所的底层平面图
2. 大使馆和大使住所的上层平面图
3. 屋顶平面图
4. 剖面图
5. 中间区域剖面图，包括走廊及天井
6. 屋面景观
7. 住所入口
8. 建设过程中的大使馆

建筑有两层，上一层包含一个正式的接待室，下层则是比较私密的区域，天光和天井将建筑室内外区域联系在一起。因为整个建筑坐落在台地上，上层和下层均与地面层连接，因此两层均可独立使用。三个隐藏在内部流线的楼梯连接了各层，分别给大使、大使家人及工作人员使用。

8

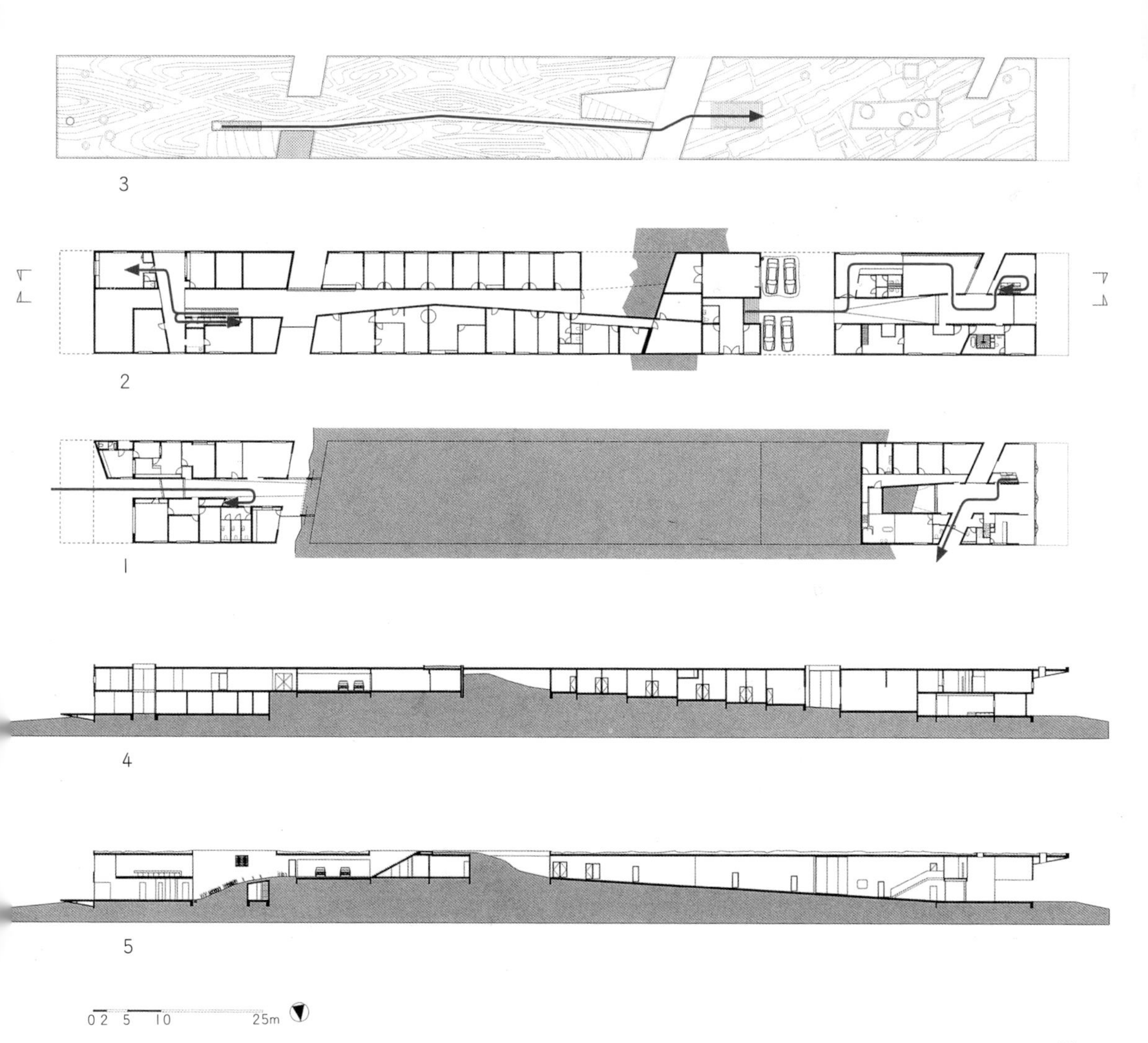

2

5

4

1

0 5 10 25 50m

1. 基地总平面图
2~3. 大使馆入口
4. 大使馆走廊
5. 大使馆

3

9 欧洲中央银行，法兰克福，德国

欧洲中央银行（European Central Bank）总部设计竞赛项目，占地 20 万平方米，位于法兰克福美茵河（River Main）边 Grossmarkt-halle 广场。它将成为国际金融网络的中心，设计中也将体现这一点。建筑没有被构想为一个独立的个体，而是一个开放的、不分等级的系统，像网络中的一部分。建筑中没有固定的交流及活动空间，取而代之的是为变幻的人流、数据和材料提供的自由的流动空间。老的 Grossmarkthalle 充当了功能区的中心，并提供多条可以进入这个可变网络建筑的路径。建筑周围的停车区被隔到路径的外侧，保证了步行的可达性和安全性。室内外主要的通路设计中都考虑了绿植的引导性。（Grossmarkthalle 是当地一个原地标性建筑，见图 2 中粉色低矮建筑，此竞赛最终赢得者为蓝天组。项目已建成。——译者注）

1

1. 网络概念的模型
2. 从法兰克福中心区看新综合体

2

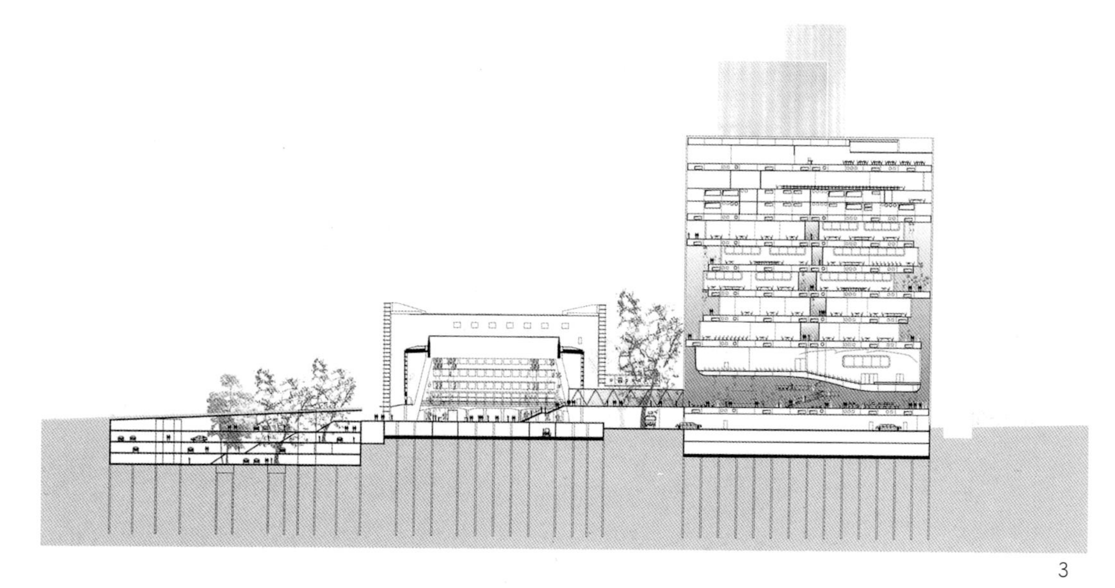

3

4

5

6

1. 空间组织概念
2. 二层平面图
3. 联通剖面图
4. 室内市场大厅
5. 室内办公区
6. 室内国会大楼部分
7. 交易大厅与新建筑之间的雕塑公园

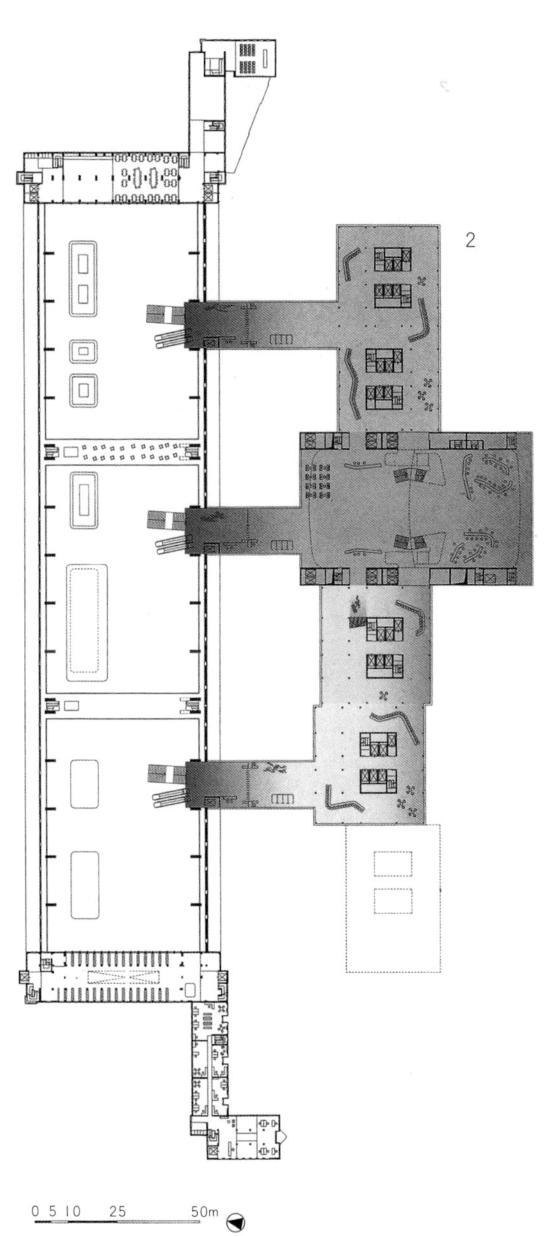

2

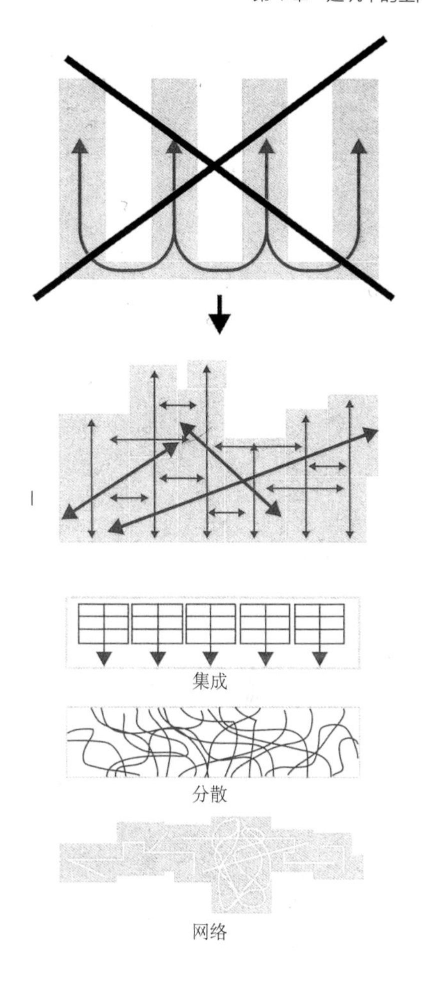

1

7

10 AMOLF 原子核分子物理实验室，阿姆斯特丹

这个研究基础物理的实验室坐落在阿姆斯特丹东部沃特格拉斯米尔（Watergraafsmeer）科学公园的边缘，由三个平行的功能组成：一个窄条的办公区、一个位于中间的专家实验室，以及一个研讨会区。这三个区域由两条内部走廊分隔开，以保证中间实验室的震动敏感度。这些12米高的内部走廊可以方便大型实验设备随时进入密布的实验区。建筑中间布置了一个包含两条走廊的中心大厅，并设计了一个开敞的大楼梯来联系上下层，步行空间穿过内部的走廊，形成了连接不同层的环道。

5

6

7

8

1. 一层平面图
2. 二层平面图
3. 三层平面图
4. 剖面图
5. 外立面图
6. 从入口看中部大厅
7. 南侧走廊
8. 三层前厅

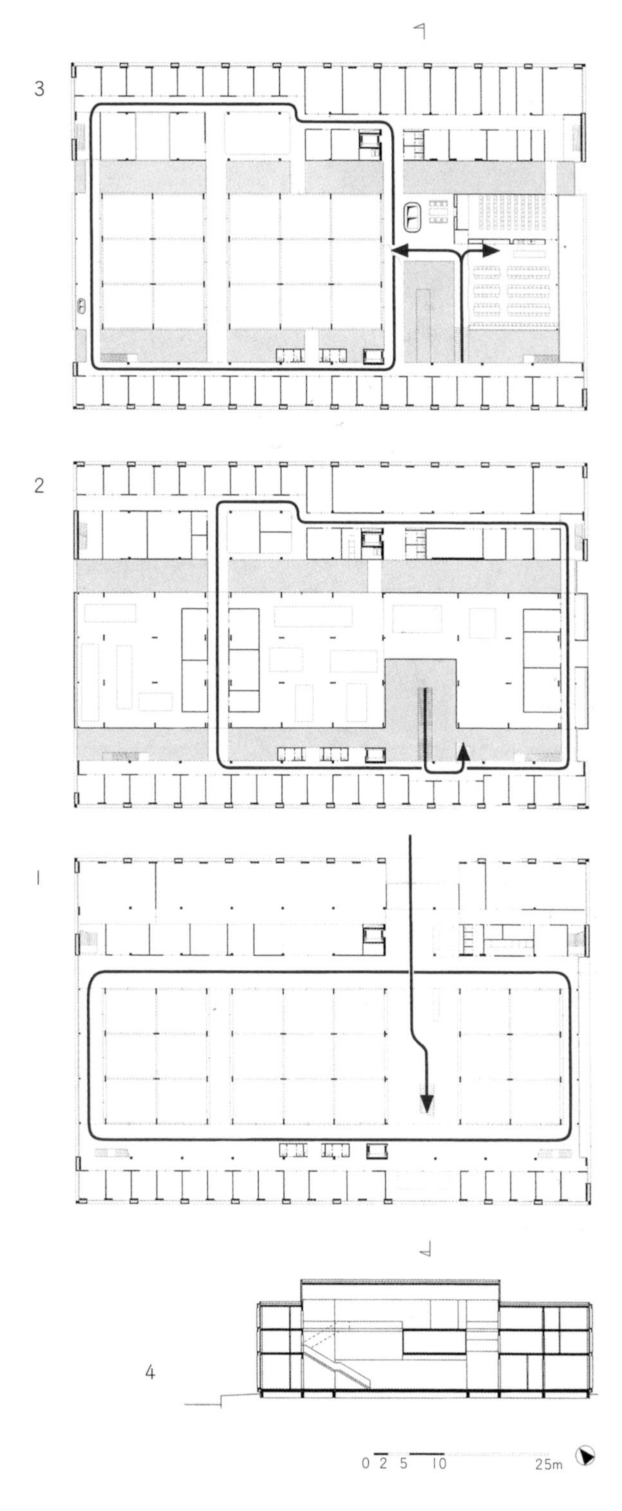

第2章
建筑内外的空间

建筑中的活动是空间设计和功能设计达成一致性的基础。同理，建筑内外的关系也可以使用环路来组织。融合与分离的设计原则在这里同样有效，只是不再讨论室内走廊和私密房间的关系，而是公共空间和私密空间，以及室内和室外的关系。设计的重点变成地面层与周边环境平面关系的处理，但对于走廊而言，活动是可以存在于平面或剖面上的。

当室内外不能被严格判定是公共区域还是私密区域时，设计的细部和丰富性就会产生，而这些对于室内外融合和分离的设计是最关键的。建筑入口的可见性和真实性、建筑内外空间的延续性，触动了同上一章中走廊部分一样的主题：私密性、多样性和密度。

将建筑与城市空间的关系设计得较为特殊的案例是 1956～1957 年建成的英国劳工联合会纪念大厦（Trade Union Congress Memorial Building，TUC），地点位于伦敦市中心，毗邻大英博物馆。建筑师戴维·杜·里乌·阿伯丁（David du Rieu Aberdeen）在此前的八年中，通过将工会大厦与战争纪念碑融合在一起的理念赢得了设计竞赛。院落，也即下沉的音乐厅屋顶，包含了一座由雅各布·埃伯斯坦（Jacob Epstein）创作的雕塑，它被放置在一面高耸的绿色大理石墙前面的底座上。

英国劳工联合会纪念大厦属于战前的柯布西耶风格（Prewar Corbusian），得益于建筑精致的体块处理和大量耐用建材（花岗石，铜边框，陶瓷瓦片）的使用。这栋三面临街的建筑与周边巨大封闭的新古典主义建筑协调地融合在一起。底层基本完全透明，透明性正好与工会的民主理念相符合，并提供了外部街道与内部纪念碑庭院的视觉通廊。玻璃立面与街道之间设计了复杂的过渡区域，这里布置了楼梯、坡道和平台，使人们可以看清楚如何进入建筑内部。最引人注意的是街道旁边位于入口和地库出口之间的半圆形楼梯间。这个区域的特点可以解释为以 20 世纪的视角看到 18 世纪和 19 世纪的伦敦人行道区域，下沉的中间院落将公共入口与内部入口加以分隔。这栋建筑以自身的透明性和雕塑风格对那种建筑内外截然分开的设计方法提出了质疑。

同样模糊处理室内外关系甚至力度更大的是几乎同时期的日本东京文化会馆（Tokyo Metropolitan Festival Hall，1957～1961）。此建筑更早的方案是由前川国男设计的，是一个由路径连接很多房子的方案，当建筑的立面区域被考虑减小尺寸后，他将这些小房子都整合在一个整体的大屋顶之下，让人联想起日本传统寺庙的大屋顶的意向。在地面层，有一个深入屋顶内部供公众使用的室内外交互区域。从周围的公园可以经各个方向进入巨大的门厅。与门厅融合在一起的是大量的室外空间，有些是视线可达、但是被花园阻隔的。无水的沟渠和现存的墙体作为分界。建筑本质上与公园相连，这与旁边矗立的柯布西耶（前川国男的导师）设计的博物馆形成鲜明的对比，后者更像是摆放在某处的一个闭合的盒子。

在底层将大量功能体连接常会导致新的问题。在发明高密度住宅的芝加哥，出现了一个有趣的解决方案。由 Schipporeit-Heinrich 事务所和格瑞艾姆、安德森、普罗布斯特和莱特（Graham，Anderson，Probst and White）设计的湖心大厦（Lake Point Tower，1965），与周围环境的融合值得一提。从远处看，有着巨大的红铜色玻璃的湖心大厦像一个剥落了表皮的陨石，延伸到密歇根湖中。事实上，高层部分没有一触到底，而是坐落在一个与周围港口建筑一样高的充满整个地块的底座上。在砖墙的立面设置了开口。在面对城市的短边，有一个开口连通至后面的商业区。在南侧设置了大的开口连通至内部的半圆形半室外前院。司机和步行者可以从这里进入大堂和停车区。这个前院用一种特殊的方式联系了塔身与公共空间，环形的开口引导人们进入令人眩晕的 60 层高塔区域。除了商业和停车场，这个大体块中还有诸如花园和游泳池等的共享设置。

通过在建筑内部设置一条公众的穿行路径可以使建筑与公共空间的关系更加紧密。由凯文·洛奇（Kevin Roche）和约翰·丁克路（John Dinkeloo）设计的位于曼哈顿市中心的福特基金会大厦（Ford Foundation Building，1963～1968）就是个典型。建筑是位于 42 街和 43 街之间的一个粗野派的立方体，北边和东边的体量设置了 12 层的办公区；剩余的空间是一个巨大的中庭，内部有一条路径连接了

英国劳工联合会纪念大厦，伦敦，英国

戴维·杜·里乌·阿伯丁及其和合伙人事务所

1956～1957

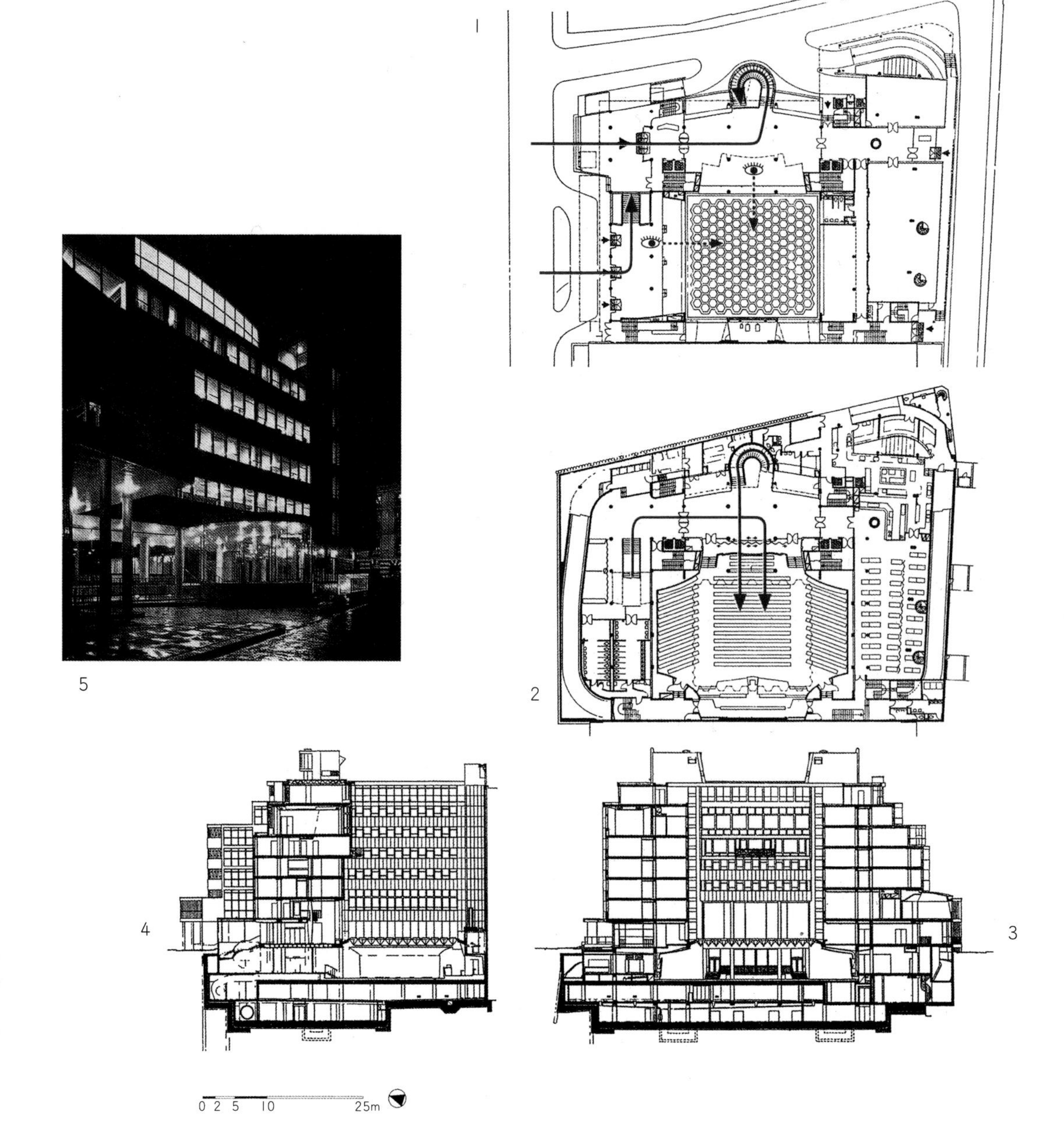

8

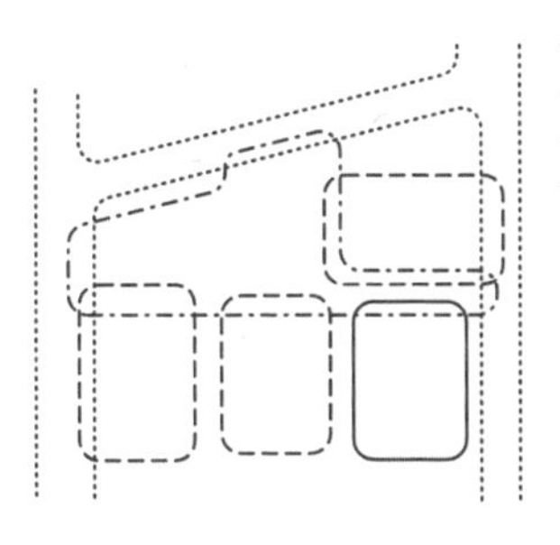

7

6

1. 一层平面图
2. 地下室平面图
3~4. 剖面图
5. 入口大厅和会议大厅之间的楼梯间立面
6. 主入口附近通向车库的楼梯间
7. 一边是街道一边是内院的室内厅
8. 会议大厅的单独楼梯

东京文化会馆，东京，日本

前川国男

1957～1961

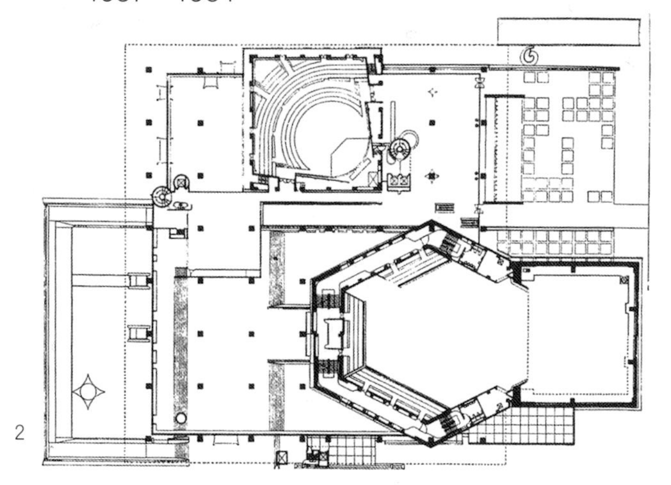

2

6

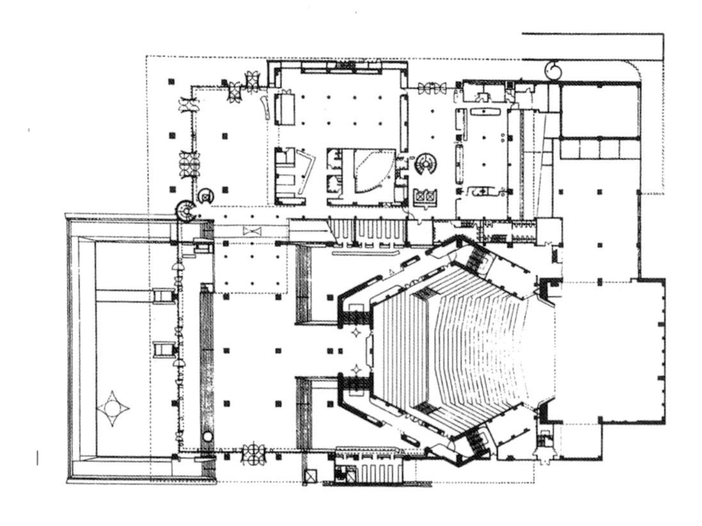

1

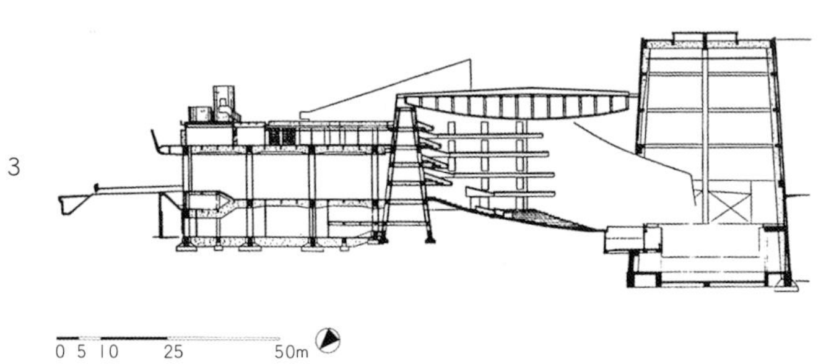

3

0 5 10 25 50m

4

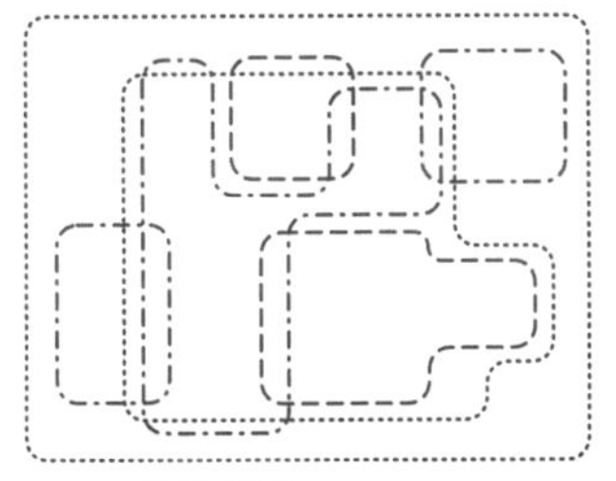

5

7

1. 一层平面图
2. 二层平面图
3. 会堂主剖面图
4~5. 前厅的立面及附近的台阶
6. 前厅
7. 主会堂

湖心大厦，芝加哥，伊利诺伊州，美国

Schipporeit-Heinrich 事务所

1965

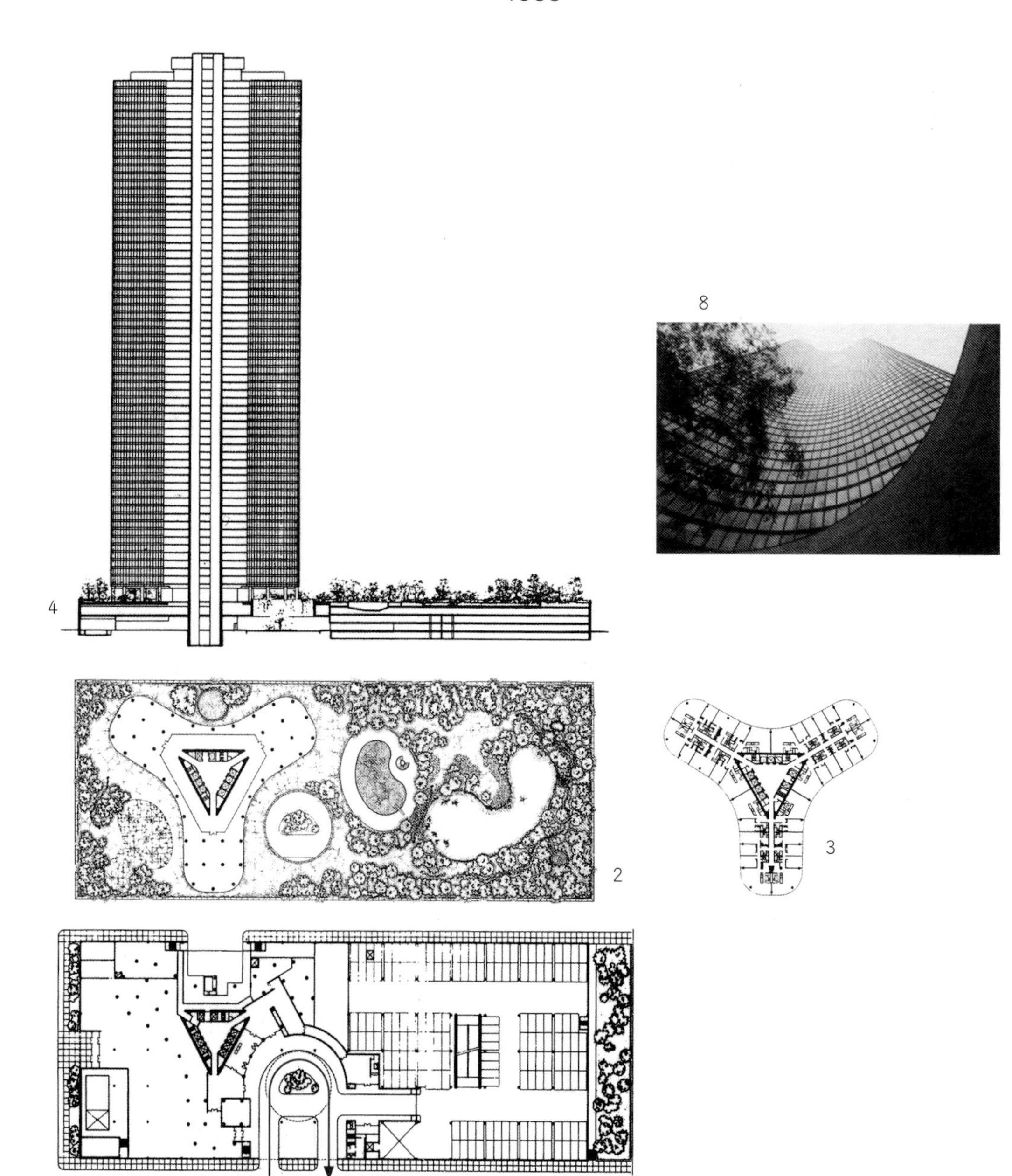

5

6

7

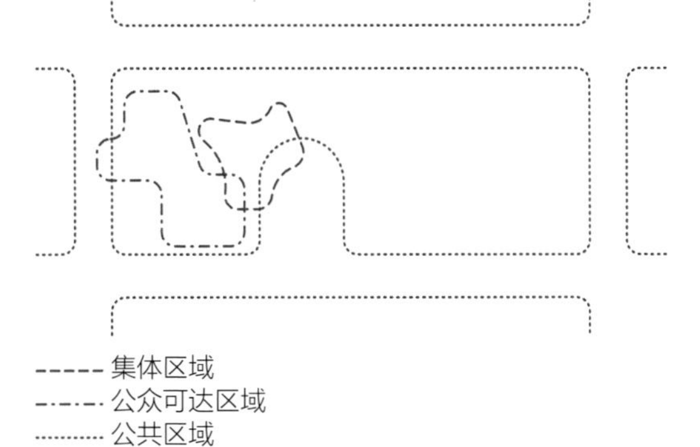

1. 一层平面图
2. 屋顶花园平面图
3. 公寓标准层平面图
4. 带前院的剖面图
5～6. 鸟瞰图
7. 前院
8. 从前院看大厦

福特基金会大厦，纽约，美国

凯文·洛奇和约翰·丁克路事务所

1963～1968

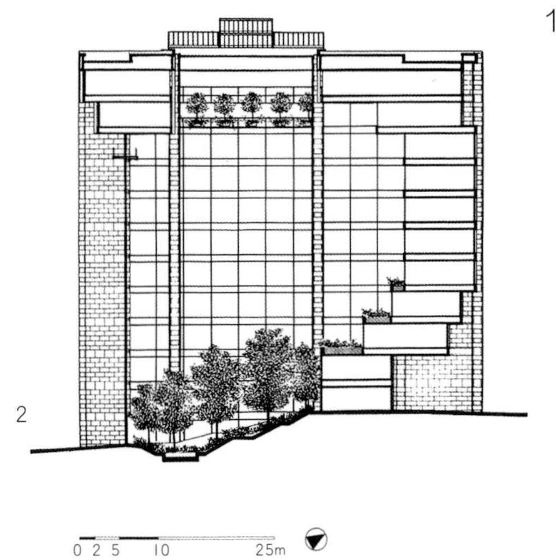

2

3

4

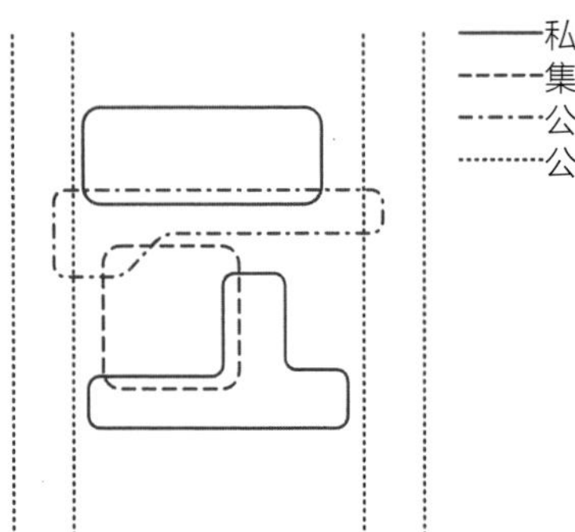

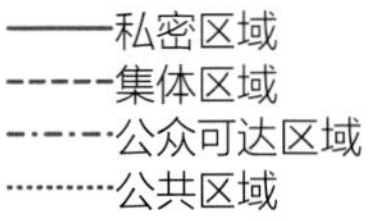

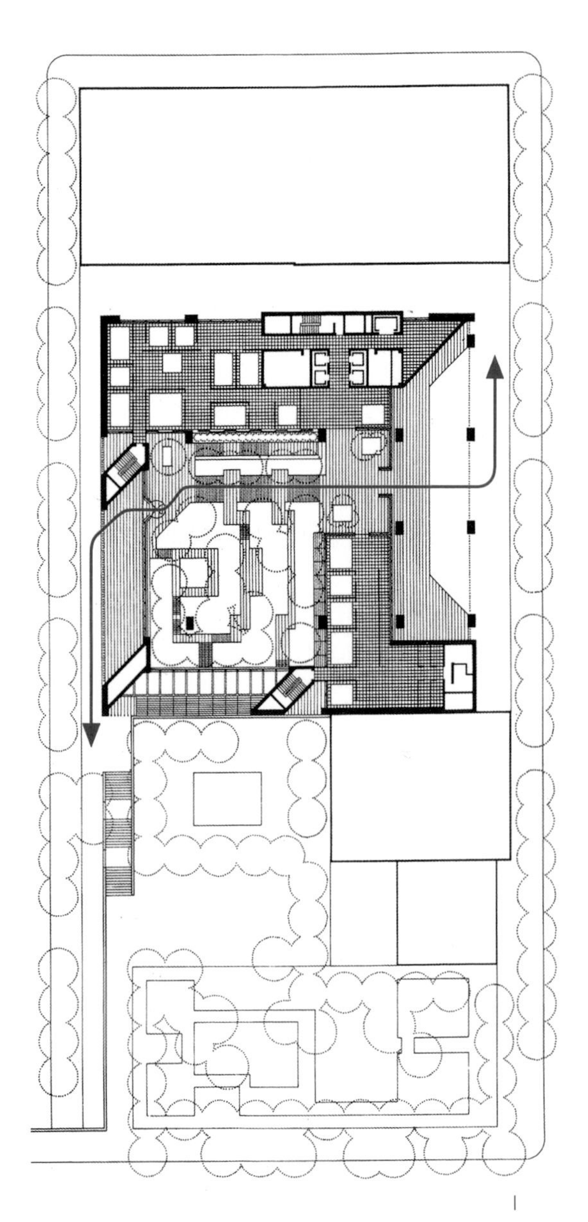

1

1. 一层平面图
2. 剖面图
3～4. 中庭

室外的两条街道，并利用大量的台阶来弥合道路之间坡度的变化，中庭形成了以植物为背景的庭院空间。这些植物顺着斜坡向上生长，形成层叠向上的阶梯形态。

詹姆士·斯特林（James Stirling）于 1977 年在斯图加特设计了新斯图加特美术馆（Neue Staatagalerie），其中的公众流线比福特基金会大楼更加复杂。这个博物馆建筑在外观上引用了大量历史建筑元素。具有讽刺意义的是，这使得这座建筑看起来显得有点过时。斯特林偏好于引用历史元素的同时将其设计的关注点聚焦于解决空间难题上。

这个博物馆建造于一个斜坡上，高度上的差异使得贯穿博物馆并连接博物馆前后部的内部路径不会在平面上交叉干扰。虽然博物馆的公共空间是被组织成沿着这条中轴线对称展开的，但这条公共路径却与中轴线仅有几处的相吻合。

这一公共路径被引向一系列的坡道，利用这些坡道将建筑主体中部的公共空间联系起来。到达这个区域的来访者会有一种置身于博物馆的感觉，但这些空间内的艺术品很难被人接触到。这条路径沿着圆厅的墙顺势蜿蜒向上，并贯穿博物馆的屋顶，最终到达位于背街上的服务楼。这栋体量相似但单独布置的服务楼看起来与博物馆毫无相似之处。因此这条公共路径富有纪念性的开头与其在背街上几乎默默无闻的结尾之间形成了强烈的反差。这种反差强调了一个事实：这条公共路径的重要性并非联系了这两栋建筑，而是在城市的公共空间与博物馆内部空间之间建立起了一种精妙的关系。

穿越建筑的公共流线使得城市从建筑中受益。比斯特林博物馆更清晰地表达了这层意义的案例是伦敦《经济学家》（The Economist）杂志社综合体（1959～1964）。在城市区域末端一个相对封闭的街区里，艾莉森和彼得·史密森设计了三栋不同风格的建筑：一栋办公塔楼、一座银行和一栋公寓。这三栋建筑顺着街区边界布置，并与邻近的 Boodle 俱乐部一起将这个街角的空间变成连接临近街道的过渡性开放空间。这个中部的开放空间是有些微微抬高的，并协调了综合体两侧不同街道的高差。

在这个金融建筑群中创造出的全新的公共空间是对现有环境密度的重新平衡。16 层的办公塔楼大大地超过了周边建筑的体量，金融街区在不干扰周边建筑连续性的前提下加入了新的公共空间，并使彼此之间建立了新的联系。这明显区别于同一时代的美国，后者喜欢在建筑前面设计广场以达到在城市中加入公共空间的目的。这方面最具代表性的案例则是密斯·凡·德·罗的西格拉姆大厦（Seagram

6

新斯图加特美术馆，斯图加特，德国

詹姆士·斯特林

1977～1984

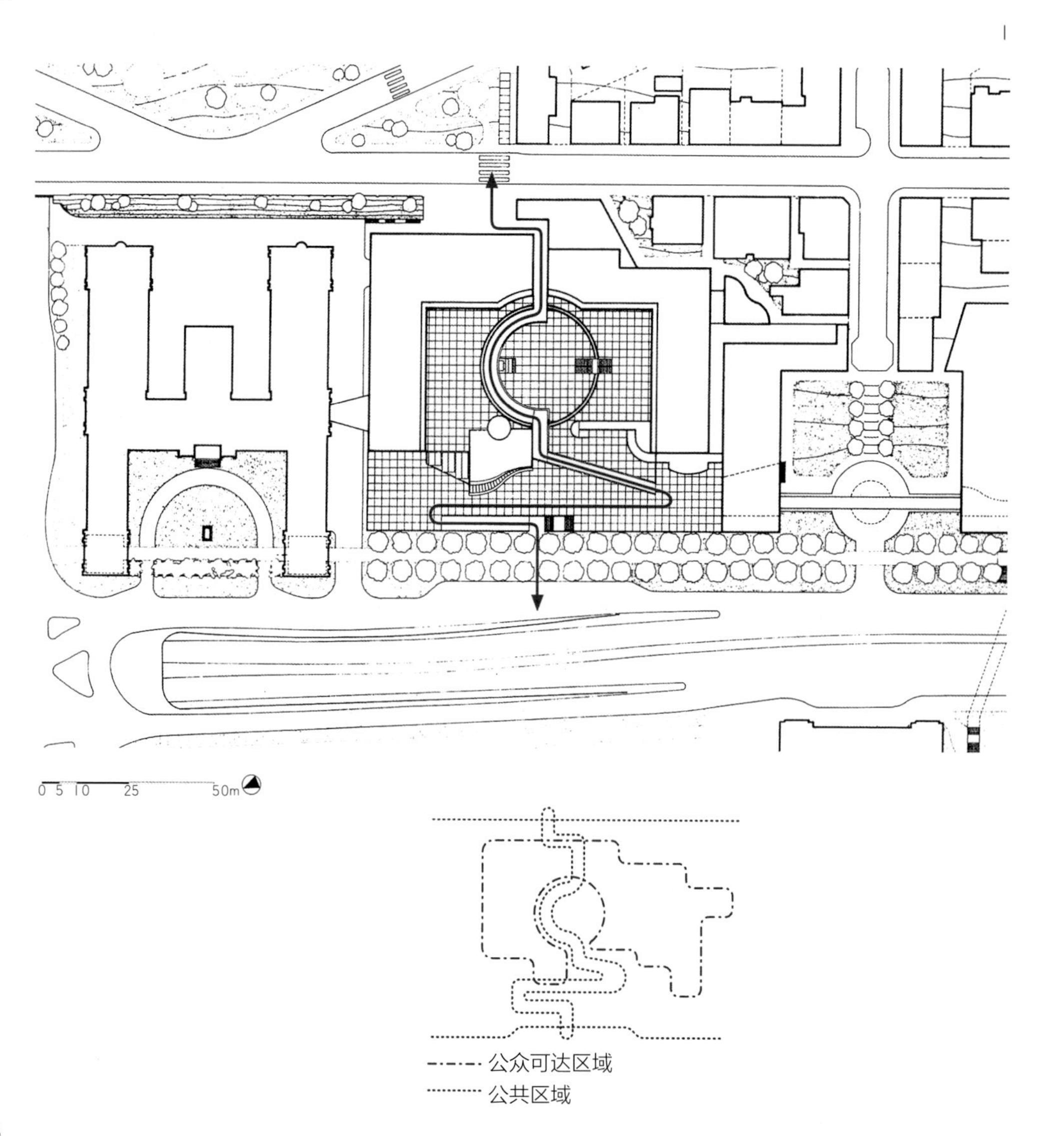

4

5

2

3

1. 与室外地坪连接的建筑流线
2～3. 建筑前广场及坡道
4. 从博物馆看圆形庭院
5. 穿过建筑的路径
6. 建筑背面的路径

《经济学家》杂志社综合体，圣·詹姆士大街，伦敦，英国

艾莉森和彼得·史密森

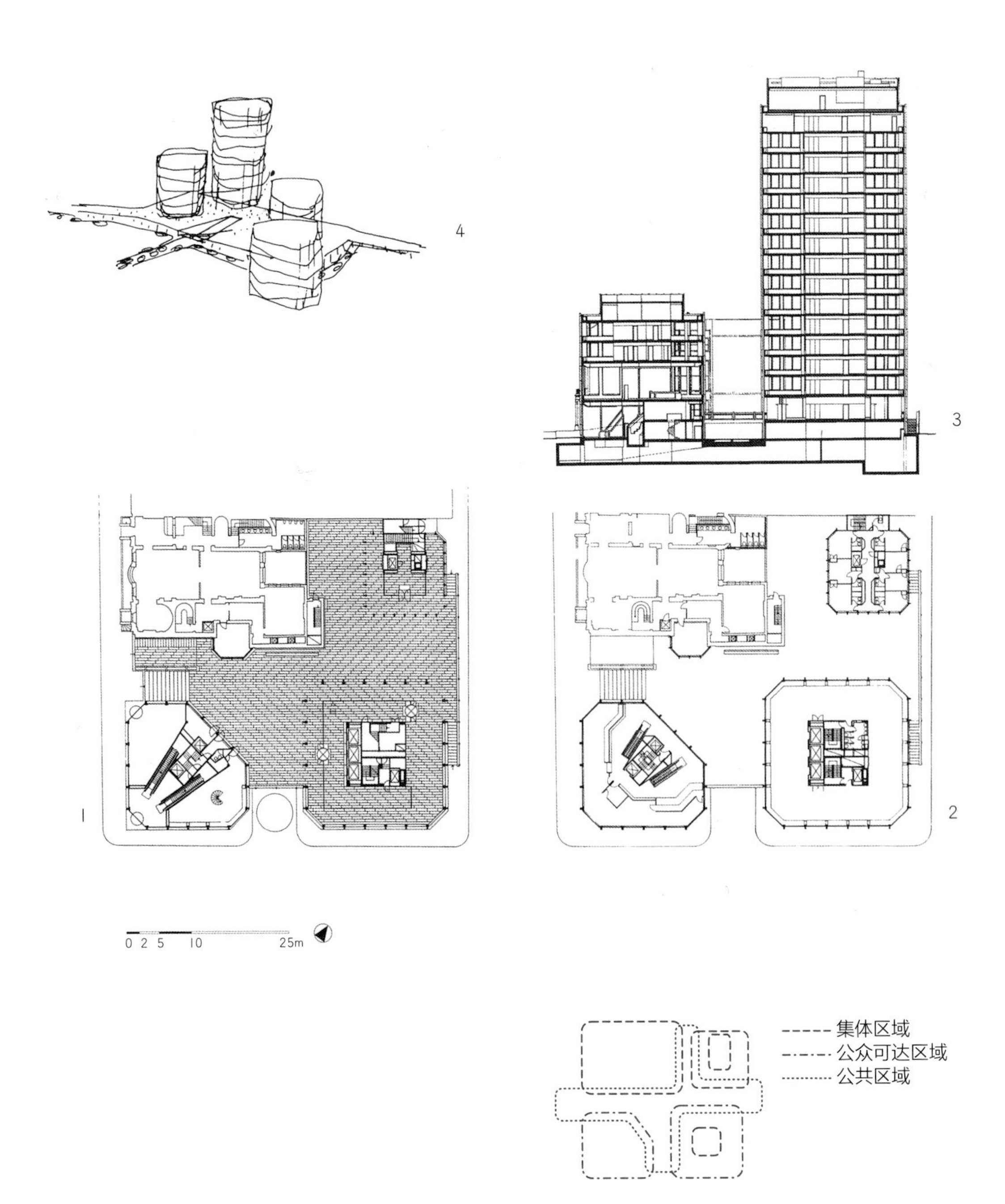

5

7

8

6

1. 一层及广场平面图
2. 二层平面图
3. 银行和办公楼剖面图
4. 城市综合体草图
5. 鸟瞰图
6~8. 建筑之间的区域

Building）。这些广场其实是城市空间序列中相对独立的空间，并且打破了城市网格的体块结构。而在《经济学家》杂志社综合体的案例中，建筑周边的空间不是相对独立的，而是成为综合体周边街道空间的一部分，设计草图和拼贴剪辑的照片都暗示出设计者将《经济学家》综合体作为分隔步行和车行的一种基本原型。这种交通分隔其实可以在更大尺度的范围内进行尝试（尽管从 20 世纪 60 年代到 70 年代大量的提高人行标准的案例都效果不佳或收获甚微），但《经济学家》综合体案例对于这些来说还是太小了。无论如何，作为在拥挤的伦敦街道中具有纪念意义的城市空间，这个升级区域的确提供了一个友善的喘息空间。

另一个通过引入中部空间从而增加建筑密度的案例，是路易吉·莫雷蒂（Luigi Moretti）设计的综合体项目，位于意大利米兰市中心的意大利大道（Croso Italia）区域。这栋富有雕塑感的建筑，取代了一个被摧毁的城市街区，包含了商店、办公和公寓。建筑的体块与周围建筑和原有街区的很多控制线精准地对齐，临近意大利大道的建筑控制线轻巧后退，以退让几条路相交形成的小广场，人行道上方出挑的 6 米高的尖锐体块也暗示了建筑控制线。这个出挑部分同时也是高度整合的体块，它与下面低矮的体量平衡，宛如一艘战舰。

“战舰”的右侧是主要的介入空间：这里形成了一个半室外的空间，从意大利大道看过去，这个半室外空间使得这个高耸的体块既可视又可达。一个巨大的切口将七层的体量一分为二，形成了一个新的街道，街道向后延续穿过建筑到达后面的公园。倾斜的坡道引导至停车场，并因此将巨大的体量在地面层进行了分割。莫雷蒂设计的这个功能性的综合体不是一个独立的建筑，里面夹杂了莫雷蒂将建筑视作城市的网络，并希望将空间和事件引入其中的强烈愿望。

另一个将建筑作为都市网络的案例堪称非凡，那就是建于 1788～1833 年的英格兰银行（Bank of England），它同时也是约翰·索恩（John Soane）一系列翻新和重建工作的一部分。除了外立面以外，其余附属和加建部分都在 1920 年被一栋较为简洁的建筑所取代。

索恩设计的银行占据了伦敦市内一整个街区，里面包含了一个迷宫般由走廊和院落连接的建筑群。外圈连续的墙体把这些迷宫般的片段整合在一起。四面街道上分别布置四个大门，大门连接了渗透进建筑群内部的众多道路。索恩处心积虑地设计了内部复杂的史无前例的道路和院落，使不断穿行其中的人们感受到空间和光线的变化。

意大利大道综合体，米兰，意大利

路易吉 · 莫雷蒂

1949～1956

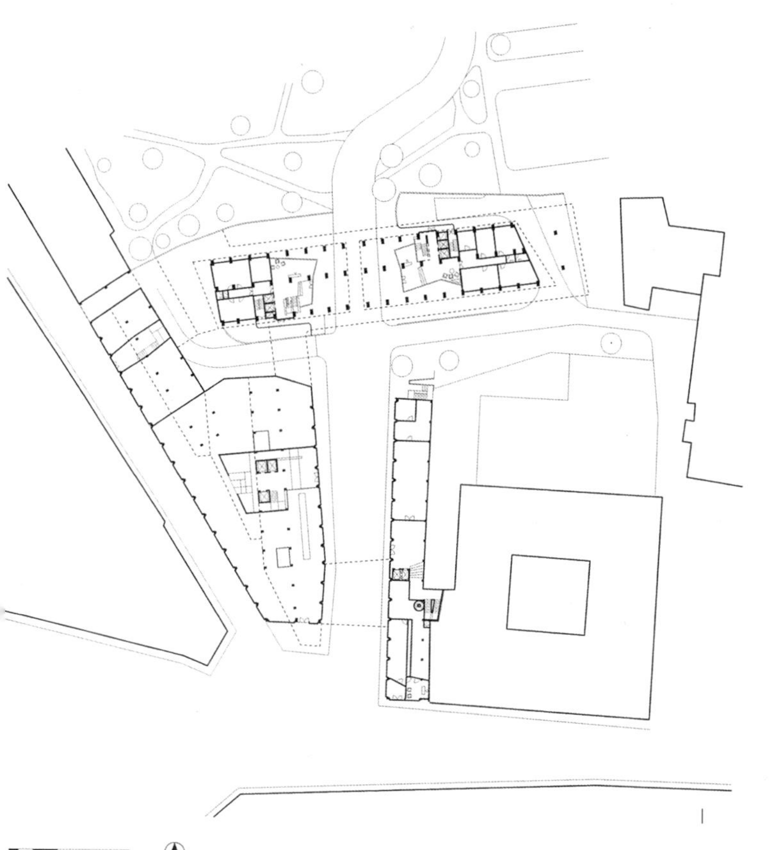

2

3

5

4

1. 一层平面图
2～3. 最初设计草图
4. 与建筑垂直的街道
5. 综合体背面

作为中央银行，建筑本身不得不生成牢不可破的城堡外观，但围墙内部其实是一个开放的结构，城市的网络、街道和广场延伸至其间。

从 20 世纪 20 年代到 50 年代，将建筑视作城市中空间和功能综合体而不仅仅是一个独立的元素的做法，在两个大尺度综合体中得到了充分的诠释：维也纳的瑞伯霍夫项目（Rabenhof）和位于贝洛哈里桑塔（Belo Horizonte）的贾斯利诺·库比茨切克综合体（Conjunto Juscelino Kubitschek）。在这两个案例中，建筑与公共空间的交织在较大尺度上得到了体现，除了室外公共空间外还存在一种“集体区域”。

由奥斯卡·尼迈耶（Oscar Niemeyer）设计的贾斯利诺·库比茨切克综合体项目，在贝洛哈里桑塔市的典型城市网格中衍生出两个体块：一个规则的方形体块，还有一个不规则的较小的体块，位于其中一个巨大的横向体块旁。最初的理念是建筑中包含大量的商业和文化功能，以及办公和公寓，但最终的结果是功能单一的建筑体。

功能的交接在竖向上得以解决。尼迈耶通过设计三个不同的标高而形成地面层，完成了与城市不同高度上的衔接。

最底层的一层直接与广场相连，并设置了很多自由形状的商店，这些簇状布置的商店被一个巨大的顶所覆盖，并且将商店的轮廓直接投射到上层顶板。上方是中间层，是隶属公寓的巨大的室外活动区，下层轮廓在这层形成了种植区和网球场。即便如此，方案的最初意向比这要宏大很多。

建筑的主入口也位于本层，但入口的屋顶却是第三层标高。这里是城市公共区域，形成了一个广场和一个观景大平台（位于公寓室外活动区之上）。

由海因里希·施密德（Heinrich Schmid）和赫尔曼·艾兴格尔（Hermann Aichinger）设计的瑞伯霍夫项目（1928～1930）是维也纳超级住区中的一个，住区包含 1100 个公寓、38 个商店和大量的附属设置。这个住区与许多住区例如卡尔·恩（Karl Ehn）设计的卡尔·马克思园（Karl-Max-hof）不同，因为它不是独立的综合体，而是延续到现有建筑和街道中。瑞伯霍夫项目谨慎地遵守了现有住宅的控制线，但却通过逐步改善建筑的形状来形成一个连续的、用于公共和集体的空间。院落和街道的壁垒被打破：虽然新建住宅带来了与城市不同的尺度和交接方式，但所有的空间都成了城市延续网络的一部分。

英格兰银行，伦敦，英国

约翰 · 索恩

1788～1833

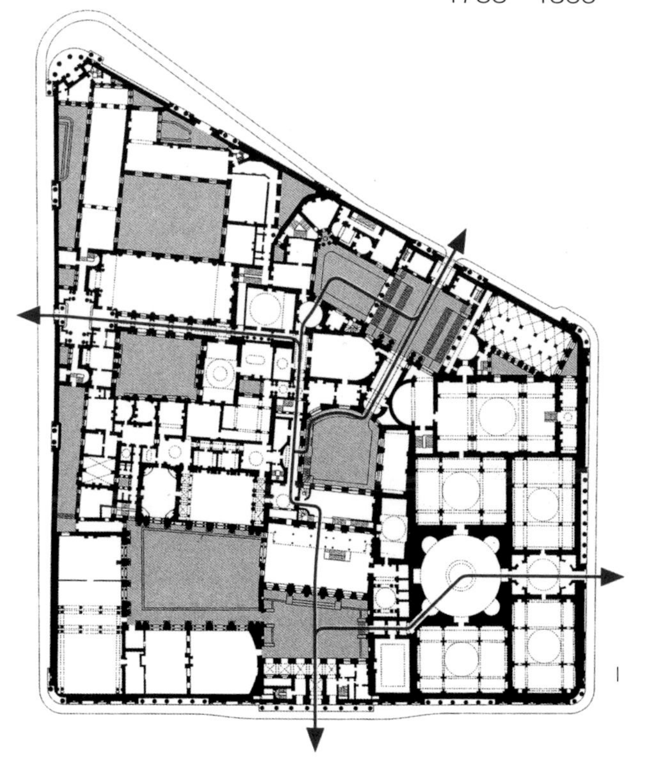
1

4

5

3

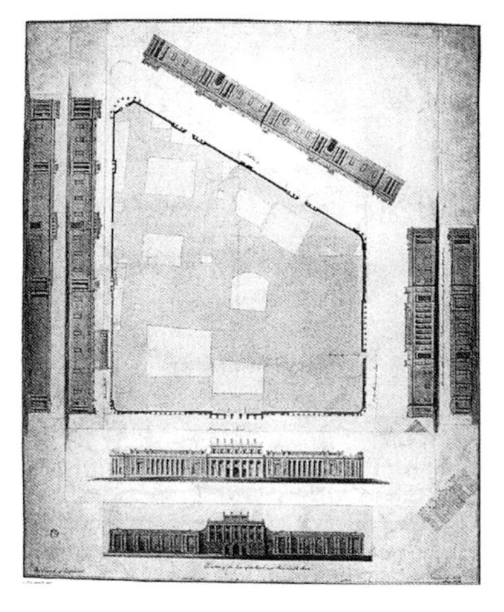
2

1. 一层平面图
2. 建筑体量和各个街道向立面
3. 鸟瞰图
4. 建筑中两内院
5. 约 1920 年的室内

瑞伯霍夫项目，维也纳，奥地利

海因里希·施密德和赫尔曼·艾兴格尔

1928～1930

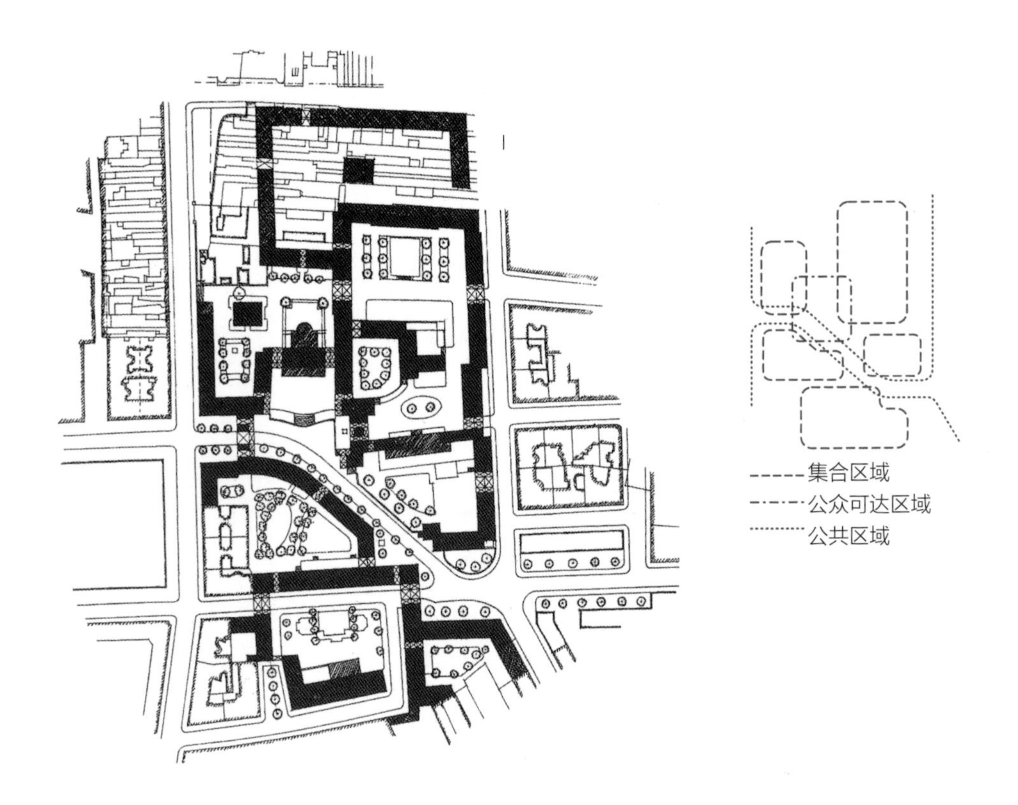

3

2

1. 一层体块示意图

2～3. 道路切入院落空间

贾斯利诺·库比茨切克综合体，贝洛哈里桑塔，巴西

奥斯卡·尼迈耶

1951

1

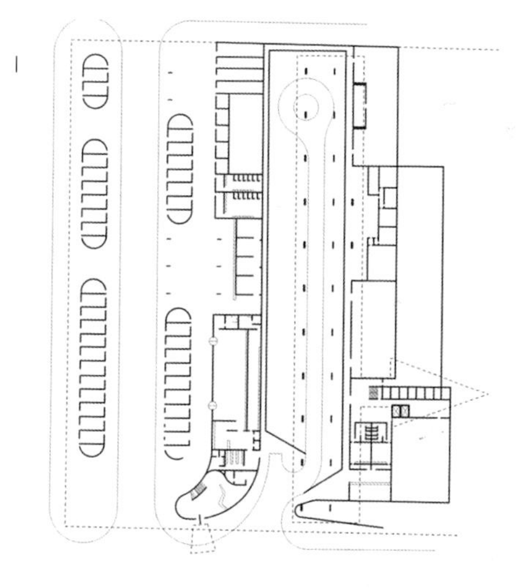

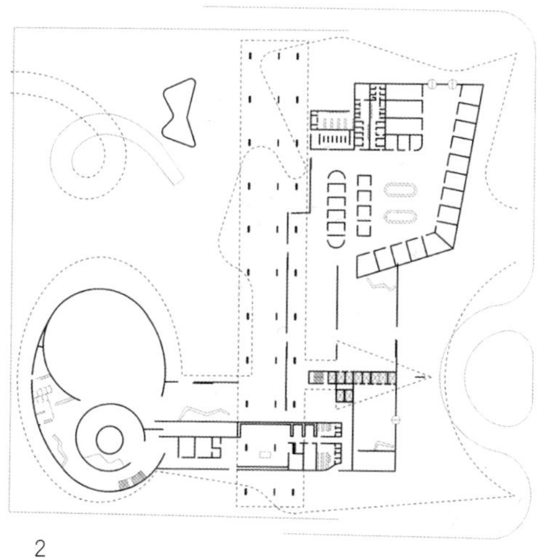

2

4

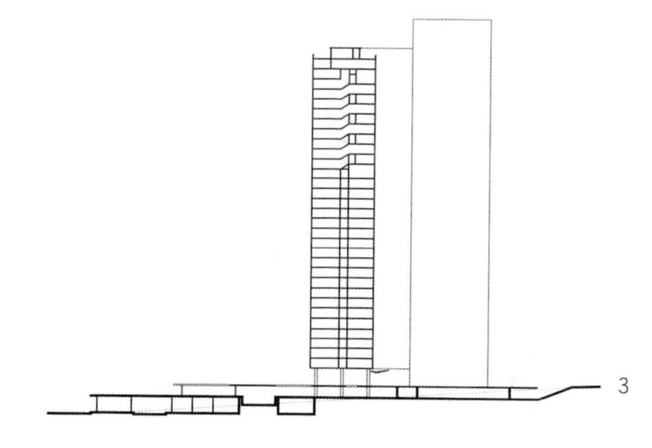

3

5

1. 带商业的一层平面图
2. 拥有集体设施的二层平面图
3. 剖面图
4. 等比模型
5. 建成照片

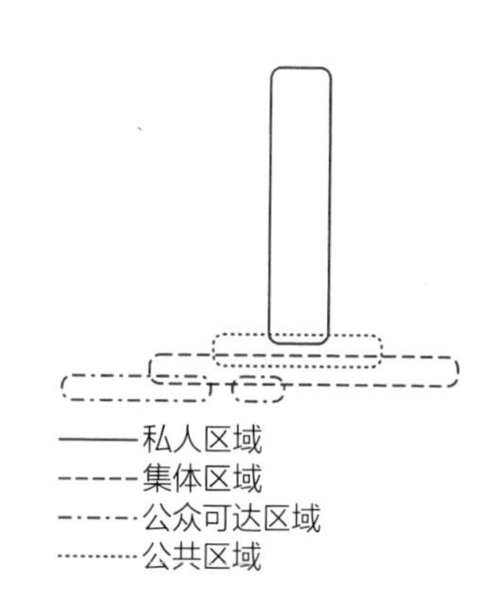

瑞伯霍夫项目与伦敦的律师协会（Inns of Court）项目较为相似，后者在处理公共空间与建筑，以及集体空间与公众空间的关系上是非常成功的。开发于14～20世纪之间的律师协会项目，同时也见证了伦敦向威斯敏斯特行政区的转变。它包含了一系列的综合功能，风格看起来与牛津大学或剑桥大学非常像，但其实内部功能是大量的法律组织和协会。酒店位于体块最集中的区域，并隐藏在东西向主街的背后。酒店的功能整合在内街、广场和花园中，实现了在高密度下整合不同功能的可能性。

酒店的街道和广场直接贴邻城市，但是他们可以加以隔离。这些可分割的公共区域具有可闭合的集合空间：绝大部分时候，每天只有特定的时间段可以开放给城市。从北边的格雷酒店通向南侧的泰晤士河河岸，是一个可以体会微妙空间变化的路径，当然你要忽略掉律师们停放在巷子里横七竖八的车辆才行。

律师协会项目，伦敦，英国

14 世纪

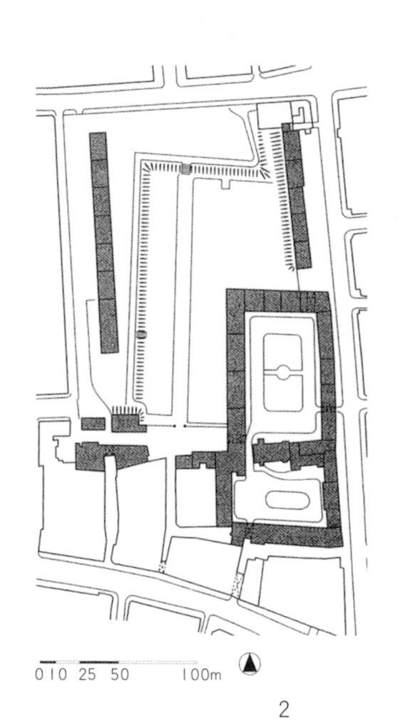

2

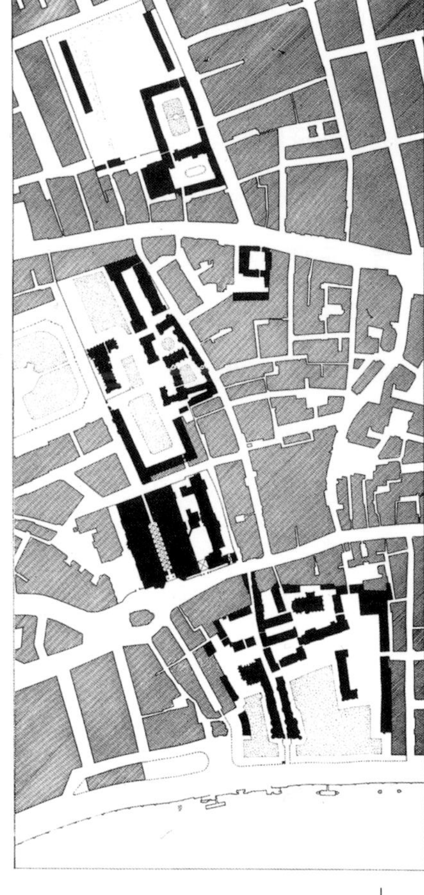

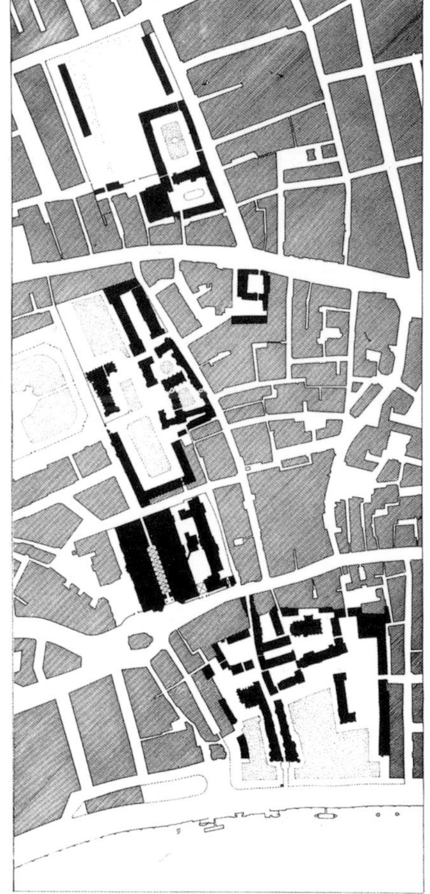

1

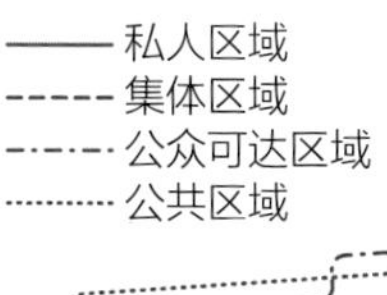

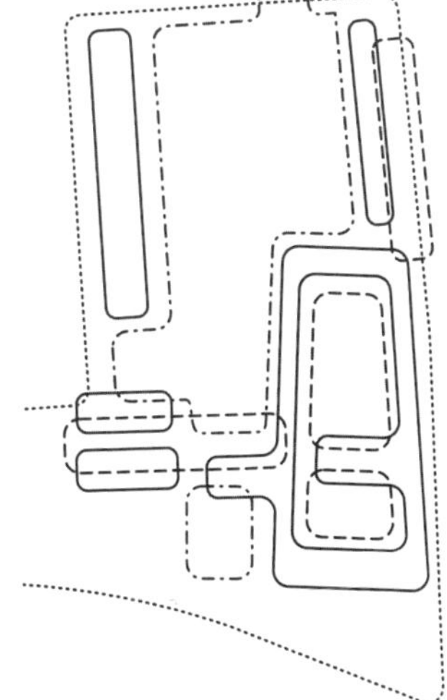

3

4

5

1. 律师协会项目，从北至南：格雷酒店（Gray's inn），斯特普尔酒店（Staple Inn），林肯酒店（Lincoln's Inn），法庭，庙宇（the Temple）
2. 格雷酒店
3. 林肯酒店，石头建筑
4. 格雷酒店外墙
5. 寺庙中心庭院

如果一个房子与周围环境没有任何联系，那它就是一个“障碍物”，因此必须建立建筑与其周边环境的联系。公共区域、可达公众区域或室外的集体区域可以丰富建筑和其周边环境的交接界面，防止城市被简化为千篇一律的公共空间和建筑形体。而且，建立起建筑和周边环境的空间联系，例如过渡区域或中介空间，可以容纳不同的（甚至是矛盾的）功能并提高建筑密度。

过渡区域会产生各种各样的形象。在埃门（Emmen）的公寓区、阿姆斯特丹的艾波（Ijburg），还有海牙的厚楚斯特（Houtrust），供集体使用的开放空间联系了住宅与公共空间。位于海牙的莫崴克（Moerwijk）公寓、赫伊曾（Huizen）住宅和阿姆斯特丹的奥斯特佛（Oostoever）中，中介空间是一个更加复杂的从公共空间向私密空间的过渡；它使人们可以在不侵扰居住私密性的情况下接近建筑。在迪门（Diemen）的社区护理中心，巨大的带有平台和院落的线形大厅一方面可以作为不同部门和服务体之间的过渡，另一方面又可以作为建筑和周围环境之间的过渡。海牙的莱凯文（Laakhaven）办公居住综合体案例有一个视觉上完全开放的地坪层，它包含了多种公共空间和向公众开放的区域，从而调整了综合体本身的可达性及进入周围环境的可达性。

R R R R R

R R R R R

R R R R R

R R R R R

R R R R R

1 办公住宅综合体，莱凯文，海牙

华尔道普大街（Waldorpstraat）和莱河码头（Leeghwaterkade）共同限定了莱凯文综合体的边界。这个综合体以功能的混合为特征，由 30000 平方米的办公空间、40 所公寓和大量商业空间构成。综合体外部全部覆盖玻璃表皮，建筑体量已经达到用地范围的极致。在维护表皮之内，不同功能的体块单独放置。办公空间被布置在几个高度、朝向和立面材质均不同的体块中。综合体中的两个居住公寓体块朝向水面；公寓的平台从玻璃表皮伸出。整个建筑体量建立在地坪层以上，使地坪层可以自由地容纳多种公共和集体功能：一条公共走道、向公众开放的天井、商铺和办公楼的服务设施，例如商业餐厅。这带来了建筑和其周边环境之间在街道层面的一连串的联系。

3

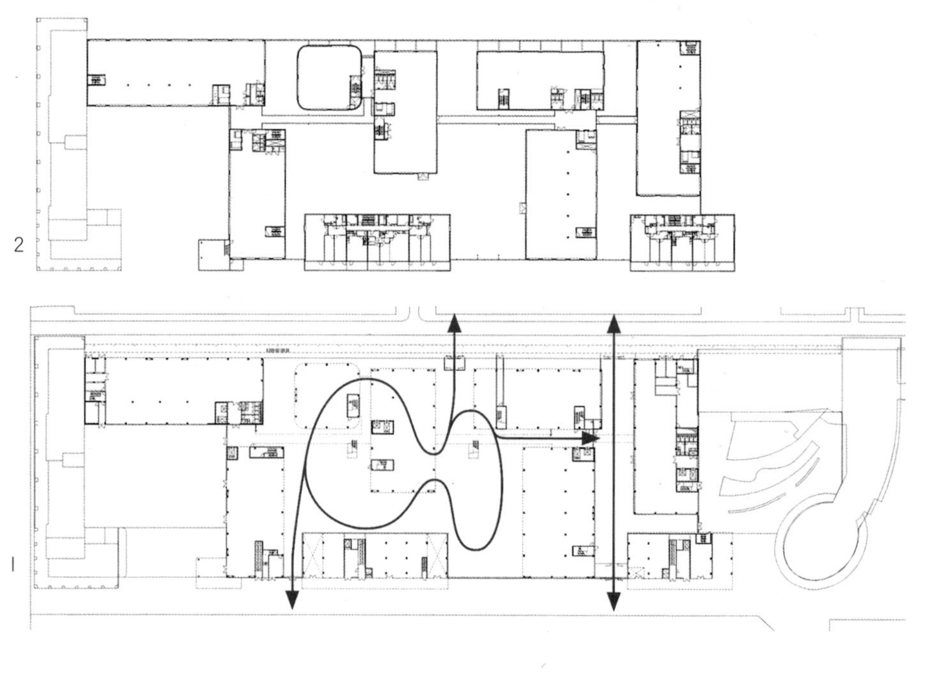

4

1. 一层平面图
2. 三层平面图
3. 鸟瞰图
4. 南立面
5. 中庭通道

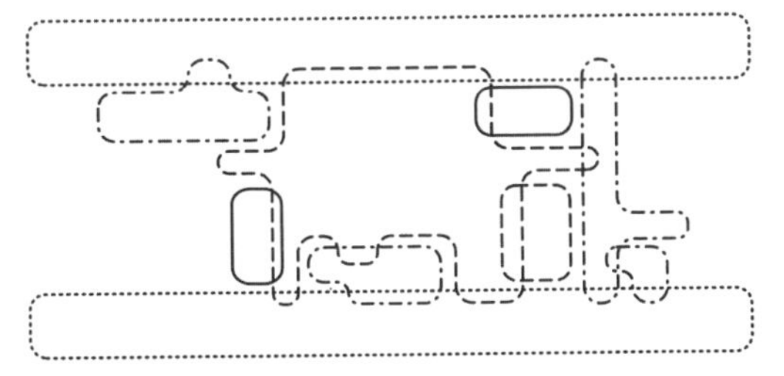

—— 私密区域
- - - - 集体区域
-·-·- 公众可达区域
········ 公共区域

5

2

1. 围合空间内的体量
2~4. 天井区域

3

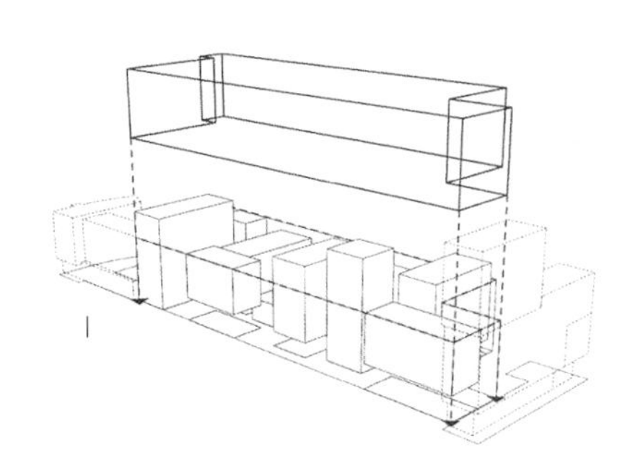
1

4

2 市集广场（Marktplein）公寓楼，埃门

公寓位于埃门绿树环绕的乡村市集广场，其周围建筑多样杂乱，有嘈杂的霍斯卢斯威戈（Hondsrugweg）和北侧沉寂的停车场等，新建的公寓给这个区域带了秩序感。它具有高度明确的体量，统一了这个区域不同的建筑高度。低矮的曲线体量顺应了强制性的历史建筑控制线，而上面的公寓部分则遵守了噪声等值线。公寓朝向南边和西边，以利于采光和视野。大平台和阳台形成了公寓和交通噪声之间的屏障。顶层和次顶层为超大户型公寓。公寓设置了一个前院，一道墙将其与街道隔开，成为公寓和城市之间的一个绿色缓冲区。

4

1

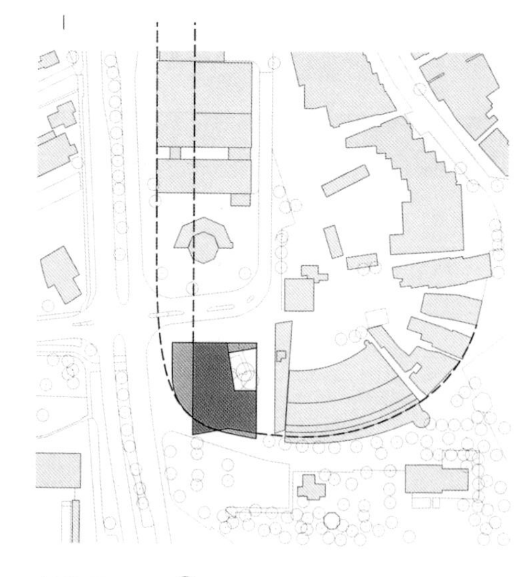

5

1. 地块位置
2. 带前院的一层平面图
3. 公寓标准层平面图
4~5. 从广场看公寓
6~7. 前院
8. 入口大厅

6

8

7

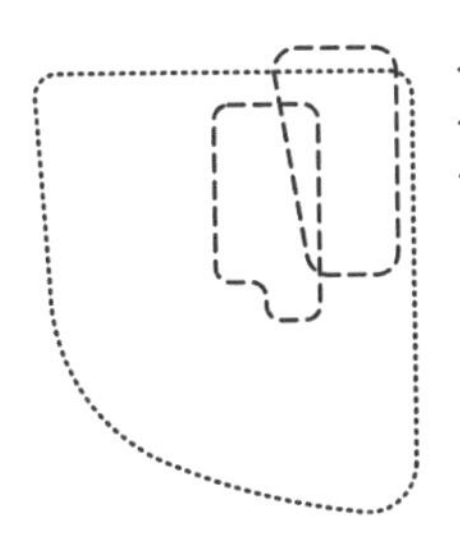

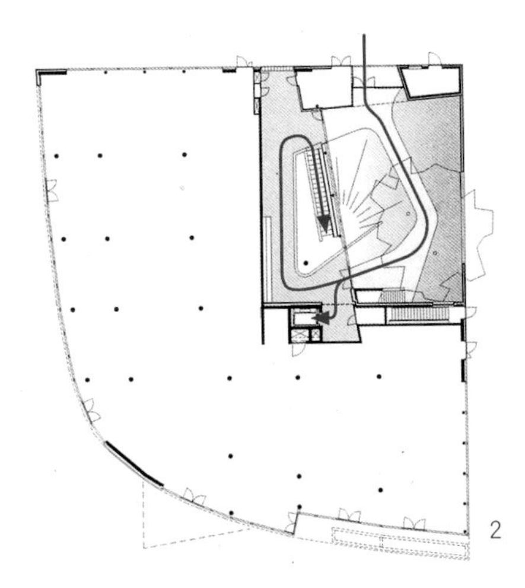

2

3

3 23B1 公寓组块，艾波，阿姆斯特丹

公寓组块被运河所分割，由三栋建筑构成，每一栋都是高低层混合的模式，它们都是由八层的高层部分和三层的低层部分，以及一个平顺的结合部构成。每个部分的高层都有其特殊的轮廓。23B1 组块有 26 户低层住户和 52 户高层住户，一个商业中心，以及一个半下沉式停车场；精确设计的建筑表皮与屋顶的两条轮廓完全吻合，下方正好切出一个室内街，这条街将建筑切分成多种类型的住宅和公寓。低层部分被中街分成两条。它们一边朝向组团内，另一边朝向组团外；至于高层部分，街道在每层有不同的形态，一层顶部是条内街，有两三层高，变成一个通向联排别墅的步行区；到了三至六层，它又成了一条联系所有公寓的走廊；在七层，它变成了一个屋顶的开敞步道，联系那些独立和半独立的双层别墅。剪刀梯贯穿了这些街道并连接了所有楼层。

6

1. 一层平面图
2. 三层平面图
3. 七层平面图
4. 剖面图
5~6. 建筑模型

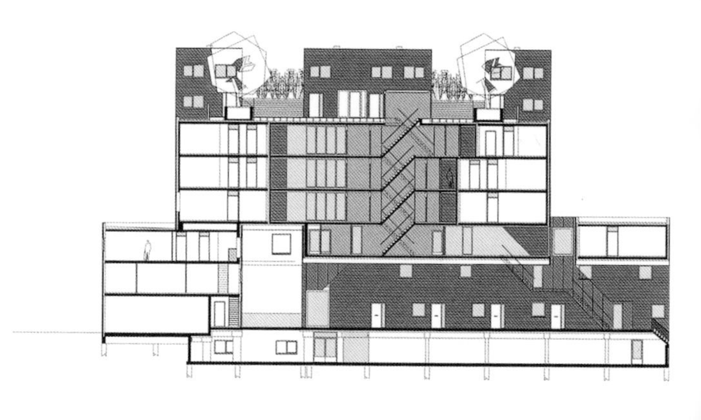

4

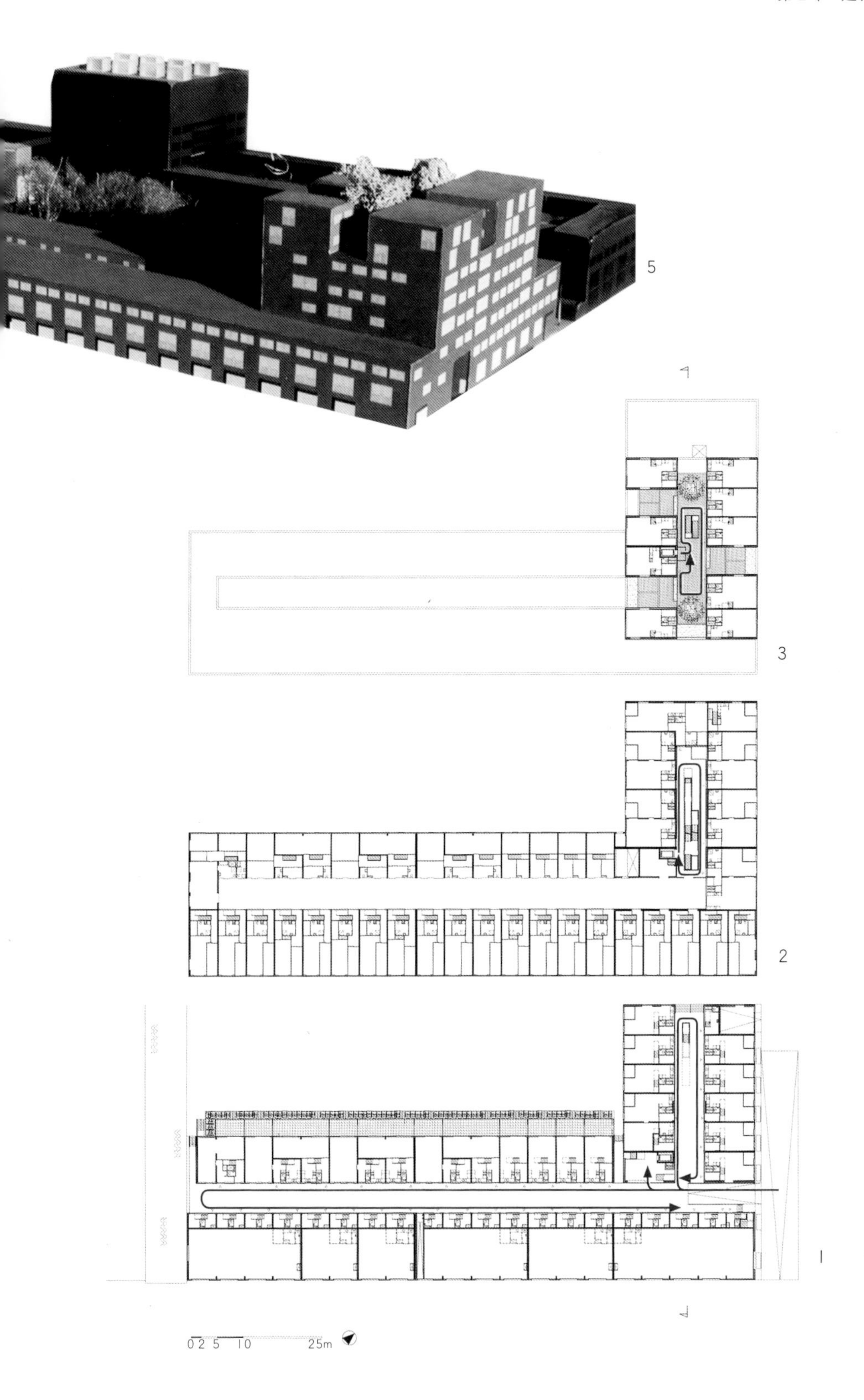
5
3
2
1
0 2 5 10 25m

4 社区托儿所，贝肯斯特得（Berkenstede），丹麦

贝肯斯特得社区托儿所的形式已经大体被限定，因为规划条件规定，此处从第三层起，建筑需分成四个独立体块。为了避免建筑造型落入一个大平板上竖起四个高塔的俗套造型，建筑的上部与下部紧密地连接在一起，四个高塔像是在舞台上摆造型一样逐个排开，并由一条延长的内街彼此连接。建筑的外部像是一个包含高层和低层的微缩城镇，期间隐藏着一处由围合花园、台地、天井和斜坡组成的景观，这条街道在综合体中提供了清晰的方向感，可以清楚地看到通透的托儿所并到达其中。

与内街相对应的位于二层的服务走廊，连接了所有的托儿所和住宅部分。不管是在笔直的内街还是蜿蜒的走廊上方，天井和花园的移步换景都有明确的方向感。因为建筑的底部皆为透明的，托儿所并不具备其故有的私密性。四栋同时拥有住宅和托儿所部分的塔楼在高度和立面材料上各不相同，其屋顶和斜墙面分别使用了如下材质：镀锌板、石板、草皮、木材和攀爬绿植。

4

5

1. 地块位置
2. 四栋高塔位置示意图
3. 功能和材质示意图：

A 镀锌板，B 中庭，C 木材，D 水池，E 草皮，F 石板

4~6. 模型照片

7. 手绘室内街景

6

1

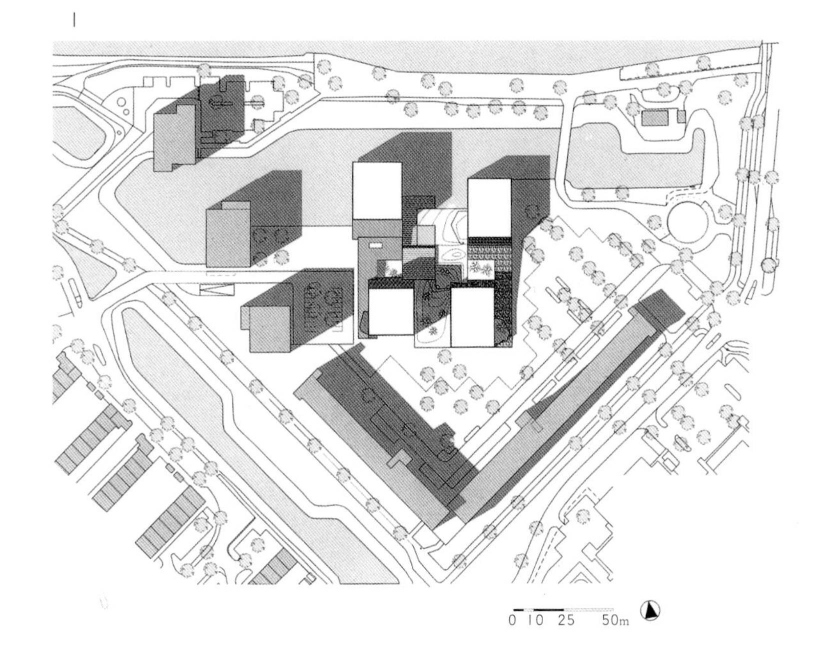

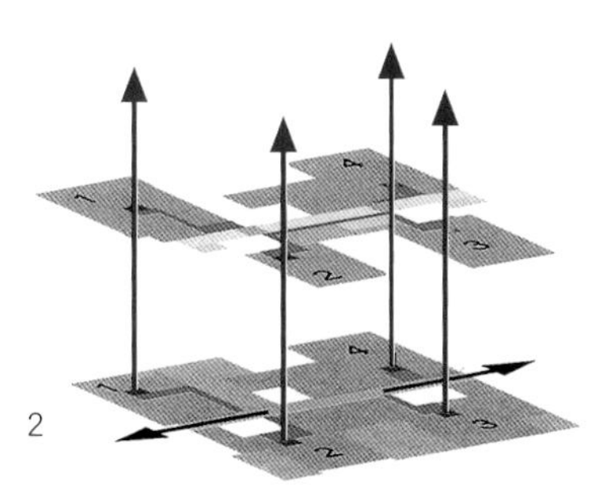

2

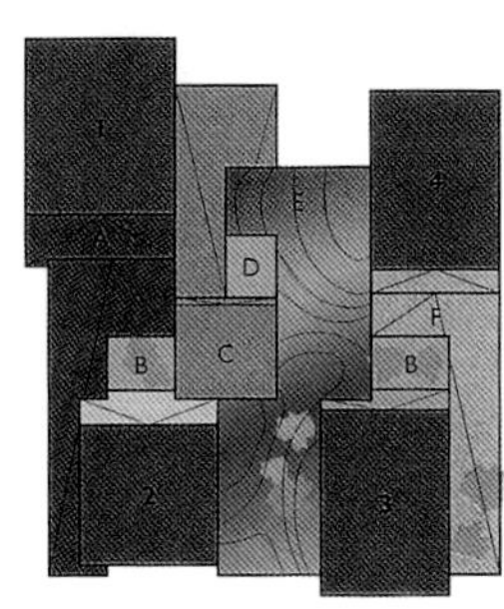

3

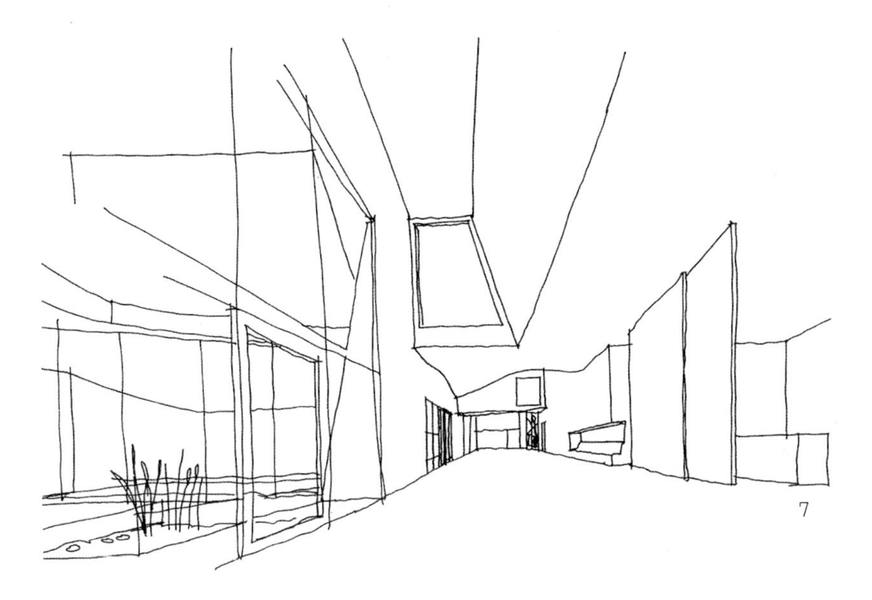

7

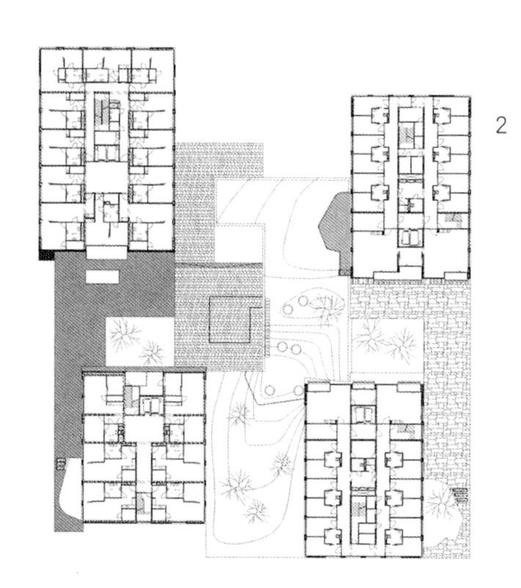

2

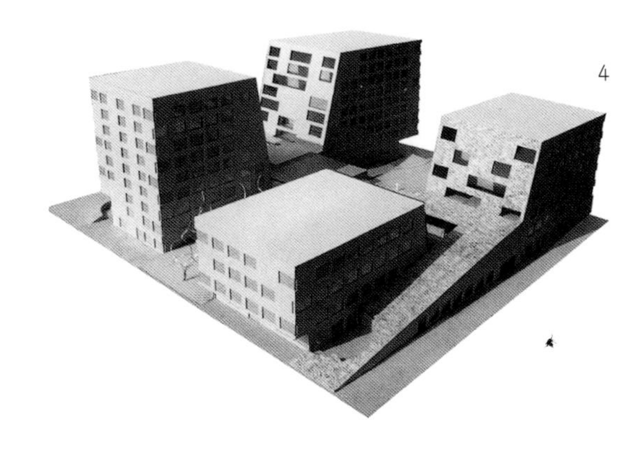

4

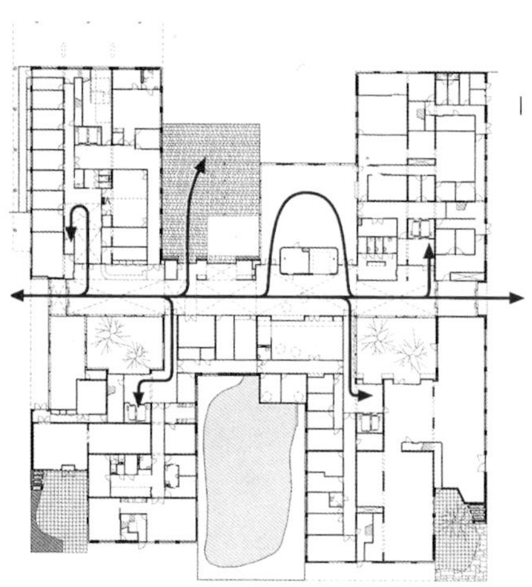

1

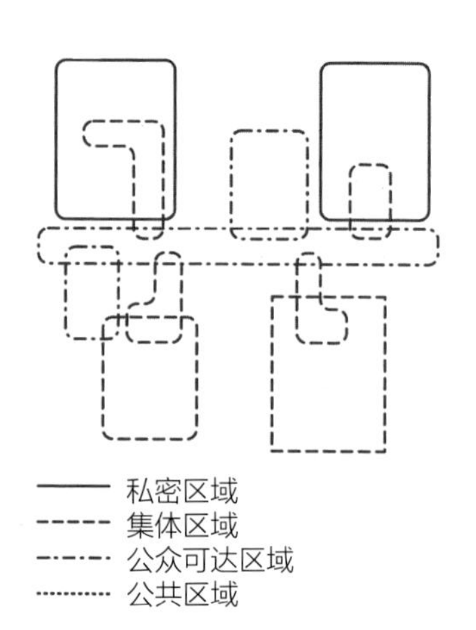

3

0 5 10 25m

1. 一层平面图
2. 三层平面图
3. 内街剖面图
4. 模型

5 厚楚斯特竞赛项目，海牙

厚楚斯特曾是海牙郊区的一个田庄，现在变成了住宅区，位于 Bosjes van Poot 和 Vogelwijk 及 Statenkwariter 住宅区之间。此区域的规划，连通临近的运动区域，被设想成一个开放的农场，并由林荫道围起沙丘和树木。六个公寓组块遵从了地块的几何划分，共享一个连续的大底座，里面包含了停车场、入口、仓库、学校、综合体育馆和一个现成的壁球馆。高层公寓的布置尽量使每栋房子都可以看到农田、沙丘和运河的景观，甚至旁边已建成的住宅也可以通过新建公寓之间的间隙享受美景。“野性”的沙丘状绿化在基地中自由延伸，从前广场经由前院和天井直至屋顶。农田与建筑之间整齐排列的树阵及林荫道限定了几何状的运动场地。“纯净”的自然景观和经过修整的景观缠绕交替。

1

2

3

1. 鸟瞰图
2. 从足球场看公寓
3. 从运河对岸看公寓

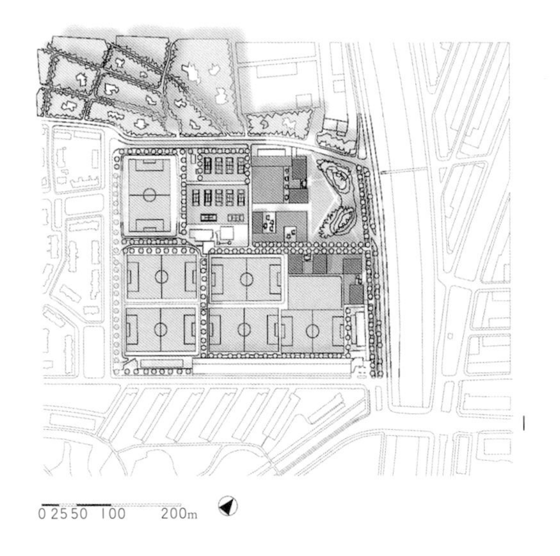

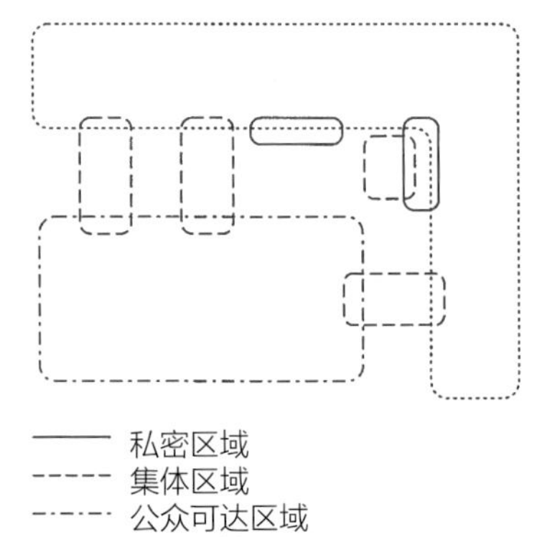

5

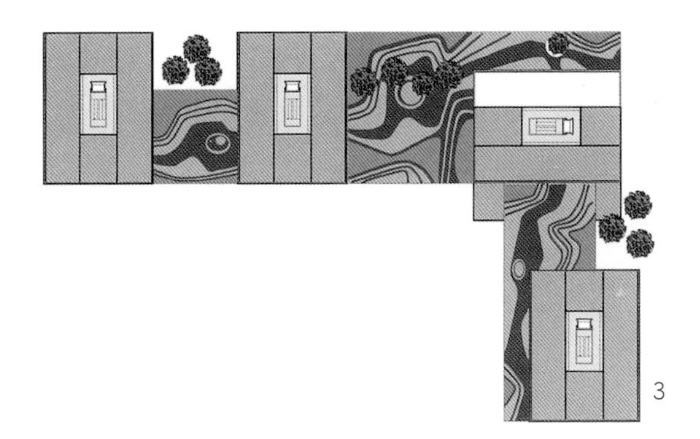

3

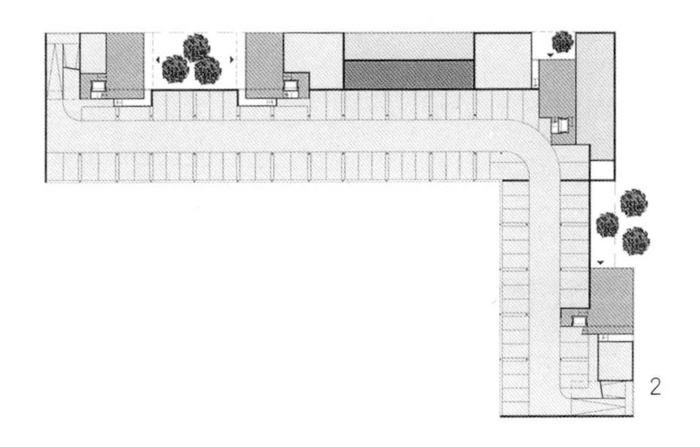

2

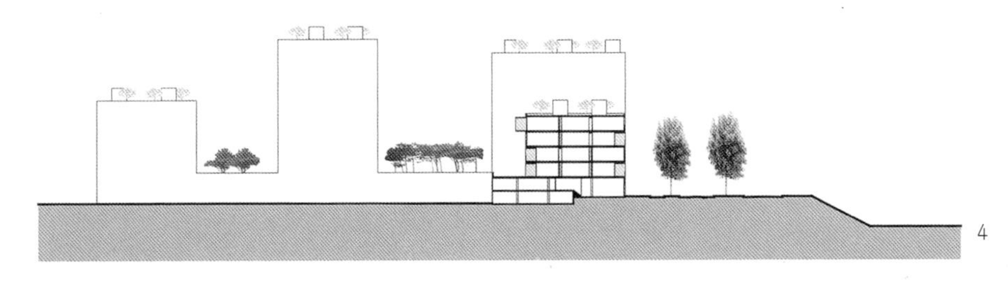

4

1. 地块位置图
2. 南地块公寓一层平面图
3. 南地块公寓总平面图
4. 剖面图
5. 从北侧看公寓
6. 从阳台看公寓

6

6 净化公园（Zuiveringspark），阿姆斯特丹

项目位于奥斯特佛新东区中心带状公园区内，以前的混凝土储水池，连同在以前沉淀池旁边新建的住宅区，被整合为一个住宅集合体。建筑尽量靠近原来的净化区设置，剩余的区域作为绿化，与 Sloter 公园一起连通了其相邻区域。公共的、集体的和私密的绿化被现存的净化设施分离并交替出现。本项目包含了 89 户家庭。三个“混凝土鼓”中，一个容纳了 7 户住宅，另外的 82 户都分散在两个长方形大体量中：一个 7 层的顺着绿化带方向的公寓，和一个 18 层的位于绿化带尽头的公寓。这两个组块都是架在老的混凝土净化池上面，而池子现已作为集体绿化、停车场和储藏室用。现成混凝土建筑上的巨大开洞联系了公共与集体空间，艺术家彼得·施特森（Peter Schoutsen）设计的篱笆封住了其中一部分洞口。

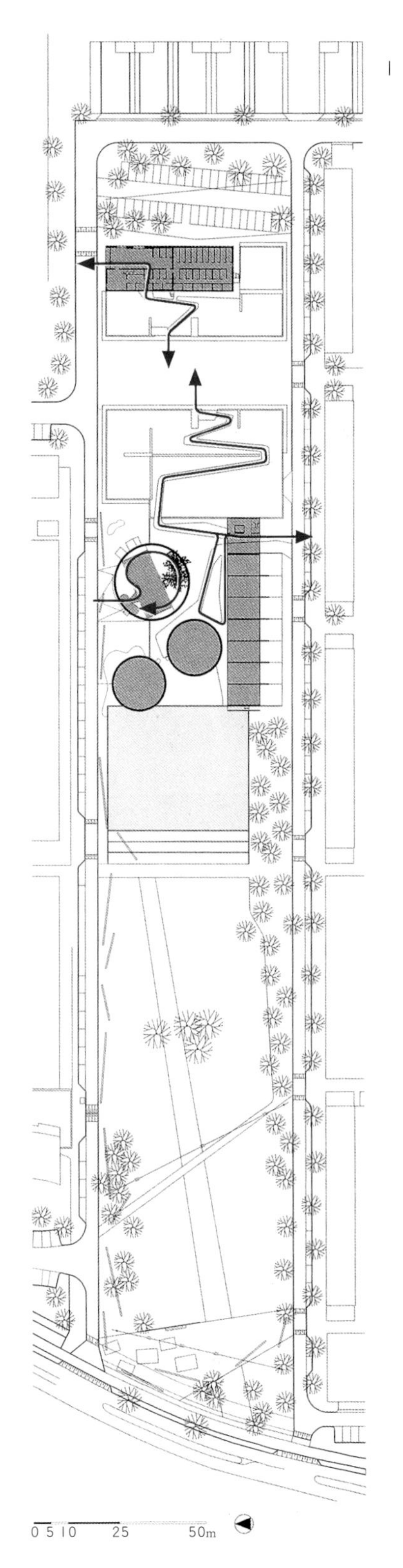

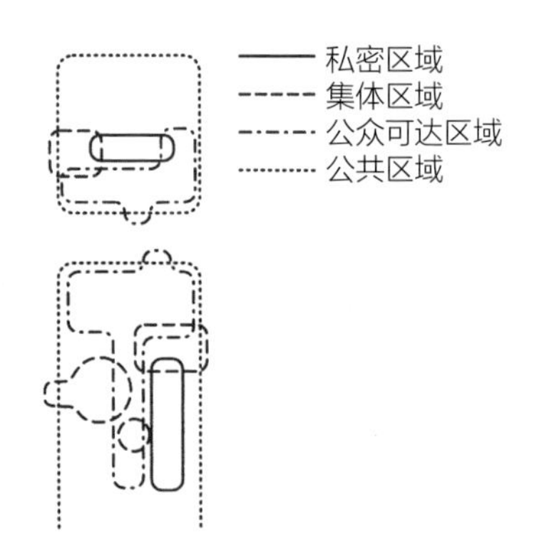

3

2

1. 总平面图
2. 原始鸟瞰图
3. 从“混凝土鼓”里看向对面的 18 层住宅

1

2

3

4

5

1. 坐落在原净化池上的公寓
2. “混凝土鼓”和底层住宅之间的视角
3. “混凝土鼓”改造的住宅
4. 从高层公寓望出的视角
5. 公园与建筑之间的水体

7 城市研究，莫崴克，海牙

在海牙的莫崴克地区，二战后的住宅都是标准的二到四层的盒子公寓，只有一些服务建筑从中打破一致性。此项目就是其中一个服务设施，用地被分成五块，功能包含了三个学校、一个教堂及教堂附属建筑和一个原址新建的女子修道院。中间是一个隐藏的、可通向教堂的小广场，广场被有围墙的学校和女修道院的花园所包围。平面保留了隐藏的广场、院落及围墙内的绿化这些特质，以此与周围空旷的空间结构形成鲜明对比。每一小块地上都是一个四层的体量和一个带围墙的花园或布满石头的院子。每一块地都可以将原有的草木大部分完好无损地保留下来。教堂变成一个有围墙的花园，教堂的外墙被当作是另外三个体量的立面，公寓被布置在天井和步道周围，步道依次连接了有围墙的花园和广场。

6

5

1. 总平面图
2. 1955 年的教堂
3~4. 模型
5. 西北角
6. 广场

2

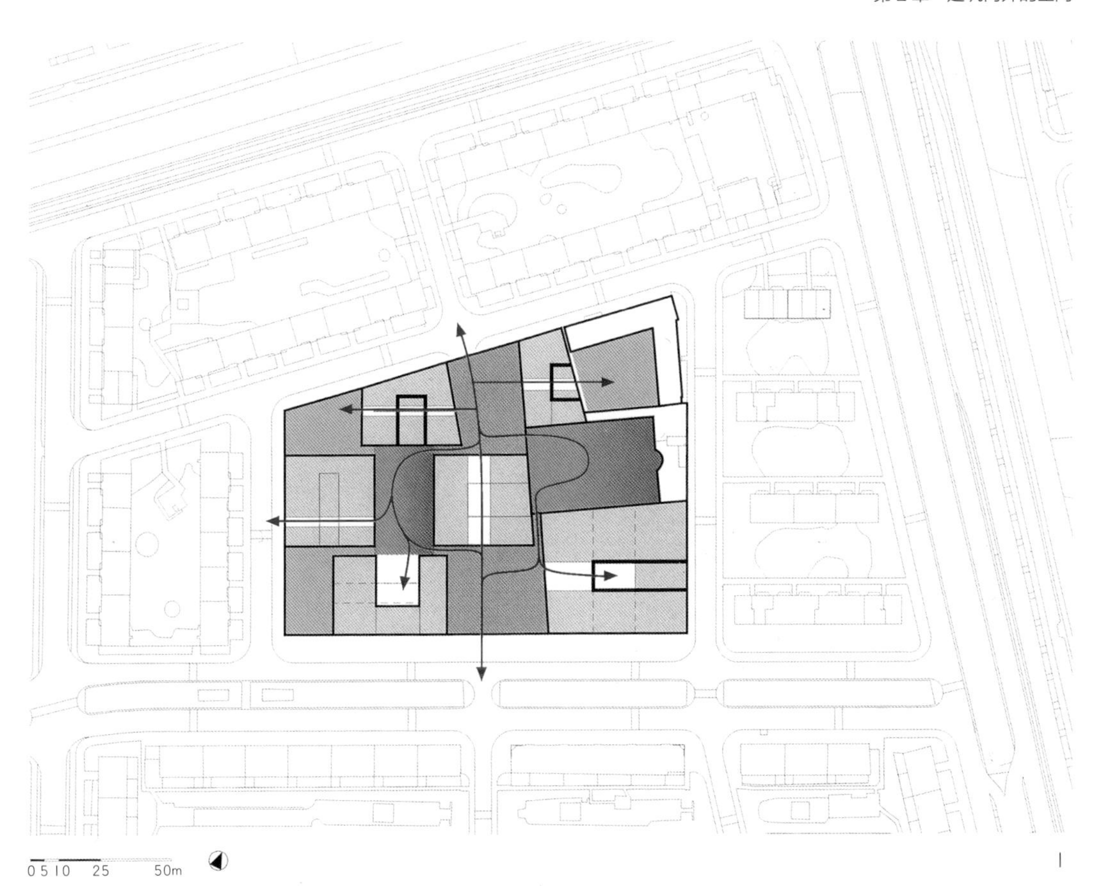

1

集体区域
公众可达区域
公共区域

3

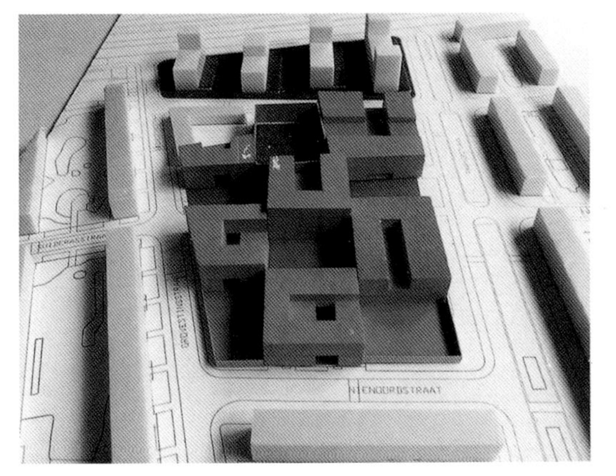

4

8 住宅，赫伊曾

这三个住宅体是赫伊曾北边霍伊湖（Gooimeer）旁的住宅区中最新的三栋。每个住宅都包含了16个公寓和6个平层住宅，被布置在一群各式各样的小住宅之间。花园的围墙将三栋住宅连接成一体，围墙上有三个只有白天才能出入的大门。步道连接了所有的体块，它位于建筑侧面之间，还串联了一层住户的私有绿地，以及院内的共享绿地。三个体量在底层共享一个停车设施，尽管此处有四层的限制要求，但每公顷70户的高密度已经达到传统住宅的两倍。

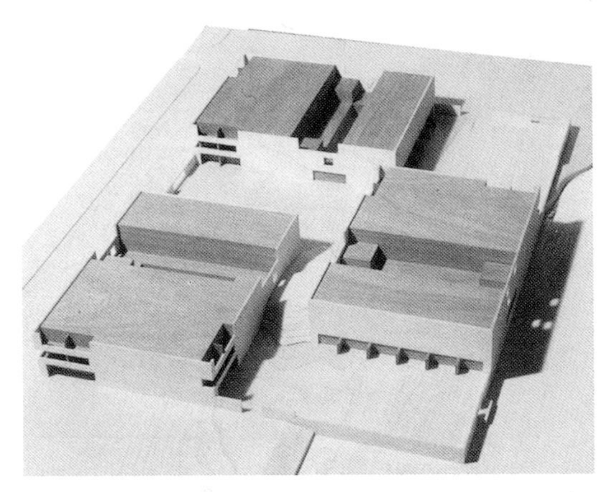

6

5

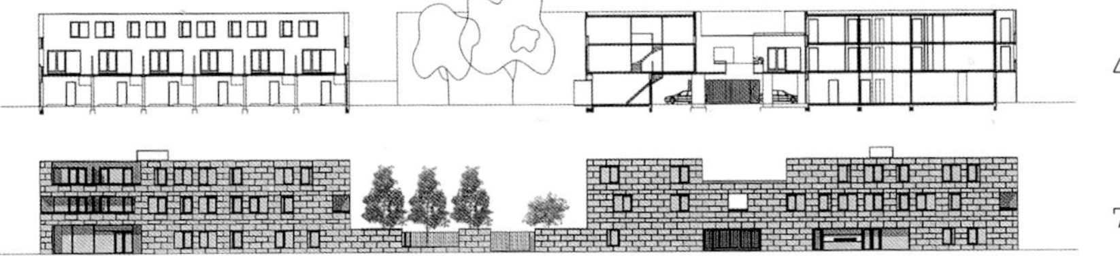

4

7

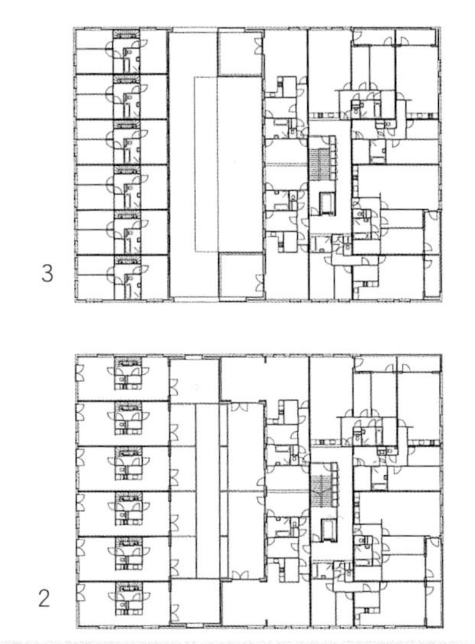

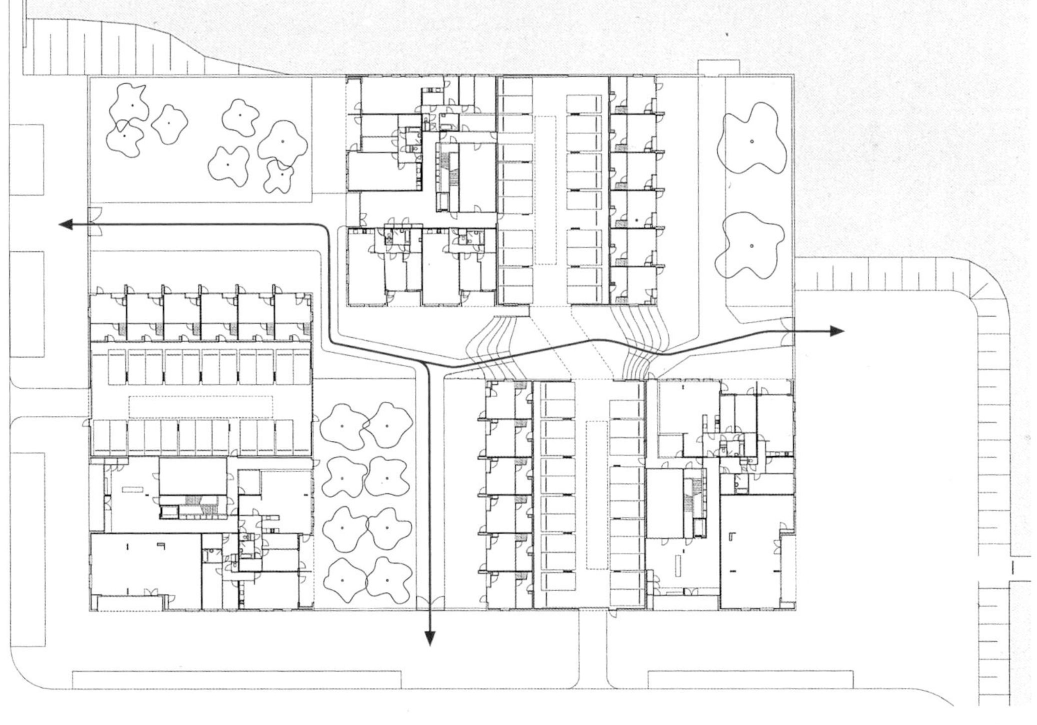

0 2 5 10 25m

1. 一层平面带总平面图
2. 二层住宅标准层平面图
3. 三层住宅标准层平面图
4. 剖面图
5~6. 模型
7. 西南立面图

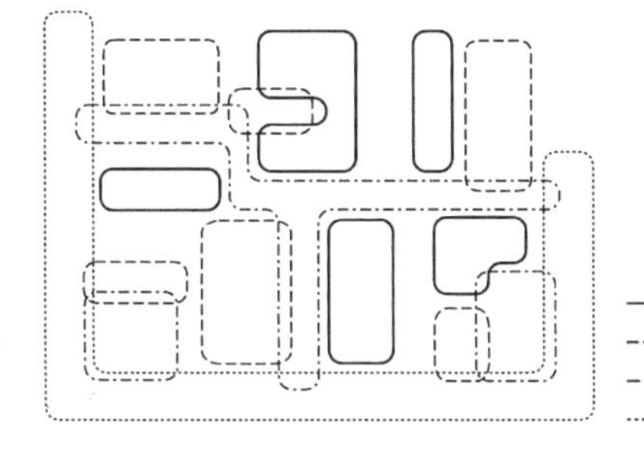

第3章
建筑与空间的交织

RRRRRR
RRRRRR
RRRRRR
RRRRRR
RRRRRR
RRRRRR

空间和功能的多样性、密度和私密性，这三者之间的关系非常紧密，不仅仅体现在城市的建筑中，在不同的尺度下，同样的主题在郊区住宅区中也扮演着重要的角色。相较于城市，这里的密度较低，但在郊区的居住团组和公寓聚集区中，私密空间、集体空间和公共空间的联系和分离，与位于城市中心区的综合体中相关元素的处理同样重要。

汉普斯特德西斯郊区花园（Hampstead Heath Garden Suburb）是最早的郊区住宅区之一，20世纪建于当时的伦敦郊区，对于郊区住宅有很大影响。它的密度为每公顷不到20户，且是清一色的中产阶级，这已经不再适合现代的需求。然而，在对相邻住宅之间关系以及住宅与周边开放空间关系上，汉普斯特德西斯郊区花园仍然提供了很多有趣的空间范式。对于郊区住宅区而言，最重要的条件是清晰地呈现景观环境，否则，“郊区”将毫无价值，既缺少城市所具有的功能和空间活力，又失去了绿色郊野的轻松舒适感。

汉普斯特德西斯郊区花园的住宅虽彼此距离很近，但却以两种完全不同的方式与公共空间相连。在最早开发的住区部分，住宅与环境以墙隔开。这道“长城”将住宅后院与汉普斯特德西斯公园分隔开来。花园凉亭、凉棚被架设在这道墙上，如同中世纪的岗楼。墙上唯一的开口位于社区通往公园的主要道路上，提供了通往公园的步行通道。

在“长城”的西南侧，沿着汉普斯特德路，分布着住区的第一个扩展新区。这里采取了完全相反的措施。住宅呈团组状建设在尽端路的周围，并且直接向公园开放。这些尽端路被设计得十分富有变化。M·H·巴里·斯柯特（M. H. Baillie Scott）的想法很有趣，他建议通过高低不同的墙将这些尽端路设计成独立的集合空间。周边住宅呈团组设计，单个住宅附属于团组。这样的方式被最大限度地应用于沃特洛庭院（Waterlow Court）这一案例中，这是一个修女公寓社区，建筑围合出一个大大的庭院，长长的有顶的小路联通了院落和外面的公共空间。

住房与周边环境之间的这种有趣又精致的关系在丹麦住宅设计中比比皆是。与英国教科书式的花园城市运动相比，丹麦住宅的平面组织通常更为简单，但对于产生连续的景观环境十分有效。这些设计的典型特征是长排布置带阳台的房屋，这种类型的房屋已经在丹麦存在了数百年。巴克住宅项目（Bakkehusene，1921～1923）位于哥本哈根西部的中心，它将丹麦传统的长排式布置和英国花园城市的设计原则相结合。呈简单带状分布，但精细设计住房群落，最终以一片被两道菩提树包围的中心绿地作为结束。这样严格的组织形式让人想起后来的法兰克福“定居点”（Siedlungen）的现代主义住宅群落。然而，幸好有这些巨大的私人前院和阻隔外部视线的墙，使得这个设计与法兰克福的“定居点”住宅相比，其空间和建筑效果都不是那么脆弱。

阿恩·雅各布森（Arne Jacobsen）在20世纪40年代到50年代的住宅区设计中发展了这个理念。伊思莱文奇项目（Islevvaenge，1951）继承了巴克住宅项目的形态模式，但表现出与法兰克福的“定居点”更高的相似性，尤其是西侧住宅部分，其空间分布已经不再是沿着街道两侧面对面，而是有相同的朝向。

然而，伊思莱文奇的布局更加浪漫。直线条布置了巴克住宅，西侧住宅布局发生弯折以适应地形。同时绿化为低矮的砖房遮挡了外界视线，建筑被绿色景观包裹。

郊区的困境在于未来如何维持与景观环境之间的关系。在大部分情况下，周边的相邻景观环境是延伸发展的首选。面对未来发展如何维持景观环境的问题也曾经是Team 10中亚普·贝克玛（Jaap Bakema）和史密森夫妇等建筑师的重要研究课题。

在1956年第十次CIAM会议上，史密森夫妇展示了多种基于盖迪斯山谷（Geddes Valley Section）的住宅模型，这个山谷由空想城市设计师帕特里克·盖迪斯（Patrick Geddes）设计，展现了布局模式和景观环境之间的相关性。

亲密住宅（Close Housing）是史密森夫妇所提出的住宅模型之一，它体现了对汉普斯泰德西斯花园郊区明显的借鉴。在这个模型中，独户住宅聚集，结合形成有屋顶覆盖的路径，作为联系每个住宅的人行道。尽端路将这个通路引导至住宅门口。草图描绘了站在此路径上视线穿过尽端路能看到的景观环境。这十分重要，因为它反映出密集的住宅可以与景观环境建立更密切的关系。

为了适应地形，住宅被串在一起形成长条形。路径形成了一种树状步行系统。这些住房的花园与带状住宅区之间的开放空间以墙相隔。然而有一点必须认识到：在史密森夫妇的设计中，通常扮演重要角色的车行通达性和停车设施却没有得到解决。车辆通常就简单地放置于中间的开放空间中，这使得“景观延伸直达住宅”（至少是视觉上）这一概念做出了妥协。

汉普斯特德西斯郊区花园，伦敦，英国

雷蒙德·欧文和巴里·帕克（Raymond Unwin and Barry Parker）

20 世纪早期

5

1

1. 1909 年城市开发图
2. “长城”
3. 沃特洛庭院
4. 未实施的 400 号地块方案
5. 约 1920 年俯瞰图

2

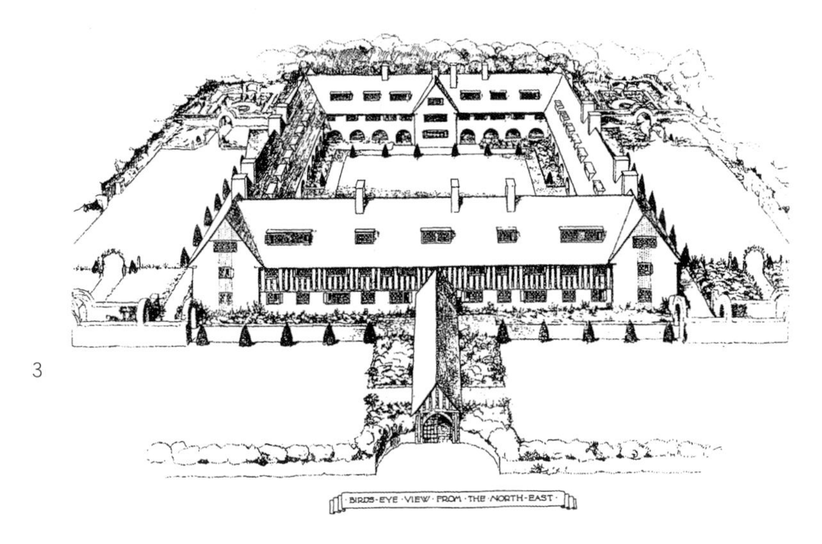

3

4

巴克住宅项目，哥本哈根，丹麦

艾弗·本特森（Iver Bentsen）；托基尔·亨宁森（Thorkild Henningsen）

1921～1923

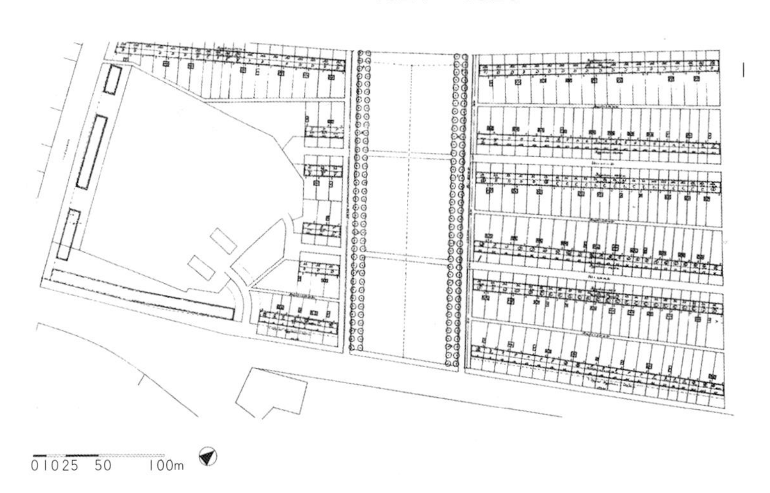

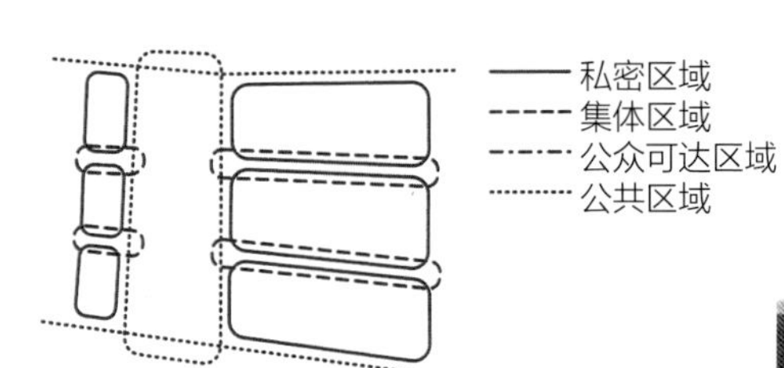

4

3

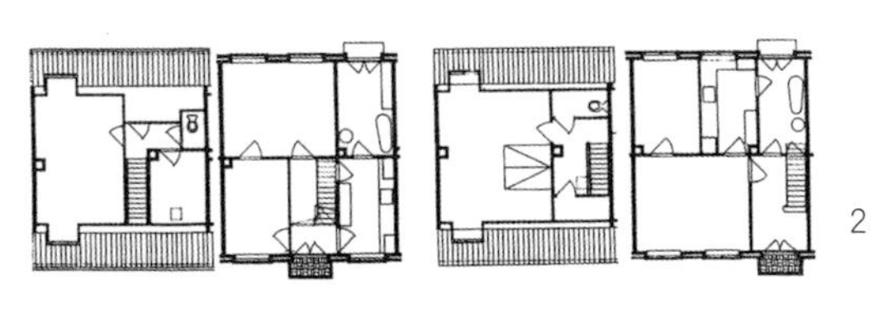

2

0 1 2 5 10m

1. 总平面图
2. 典型平面图
3. 中心区域
4. 街道和住宅

伊思莱文奇项目（Islevvaenge），哥本哈根，丹麦

阿恩·雅各布森

1951

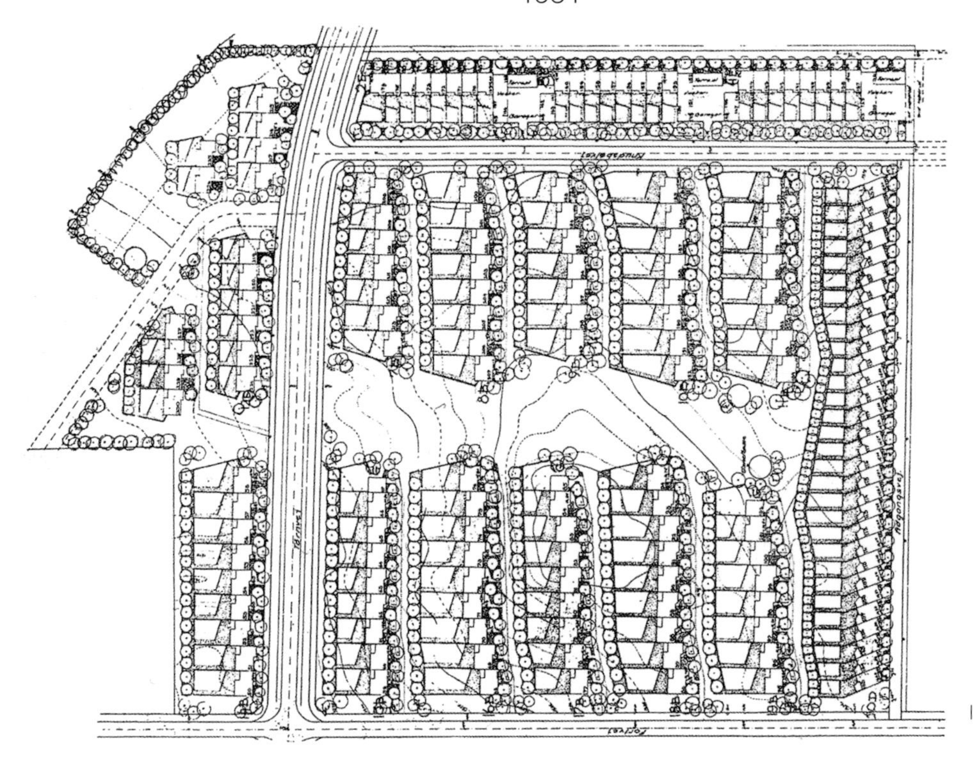

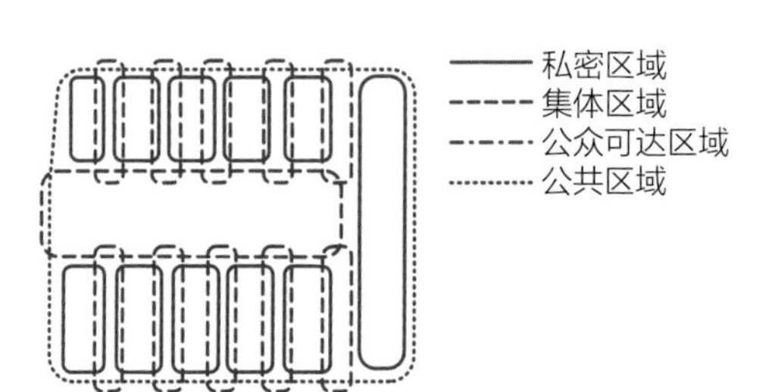

5

3

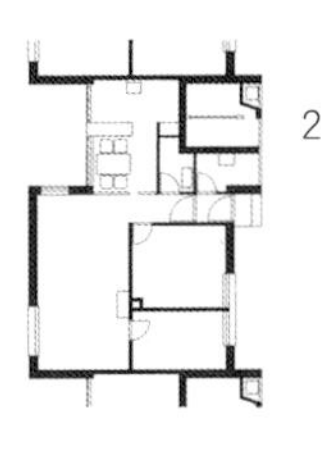

2

4

6

1. 总平面图
2. 典型平面图
3. 建成后的中心区域
4. 现状基地
5. 住区边缘
6. 建筑入口处

亲密住宅（The Valley Section Housing：The Close Houses）

艾莉森和彼得·史密森夫妇

1954～1956

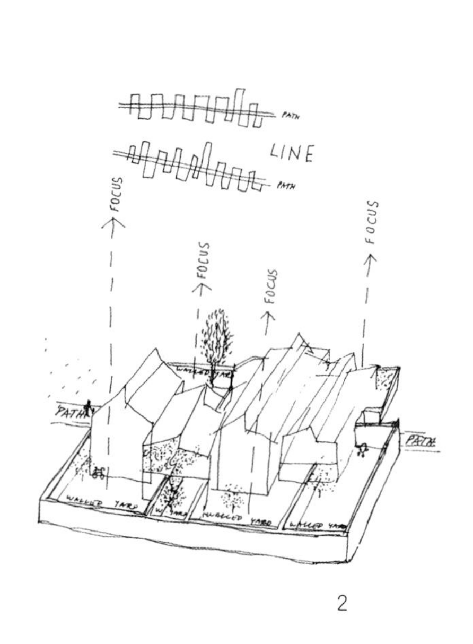

2

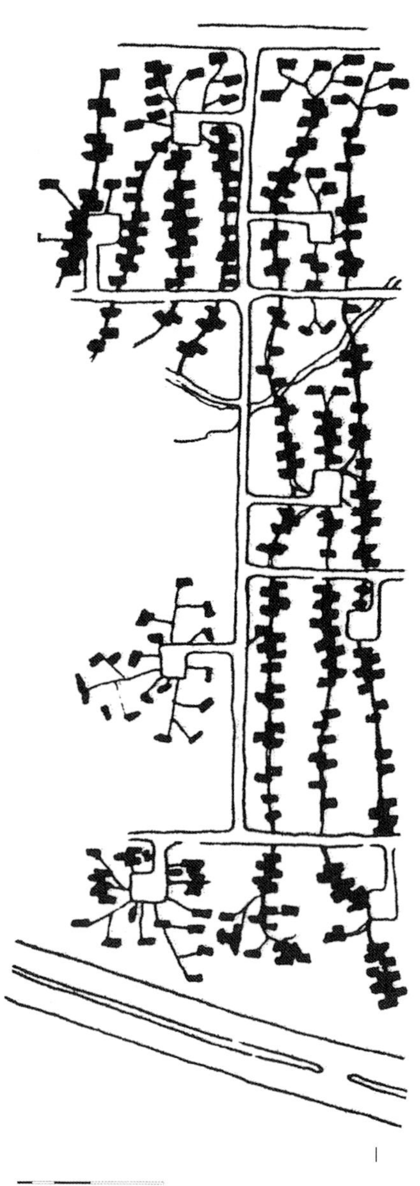

1

0 10 25 50 100m

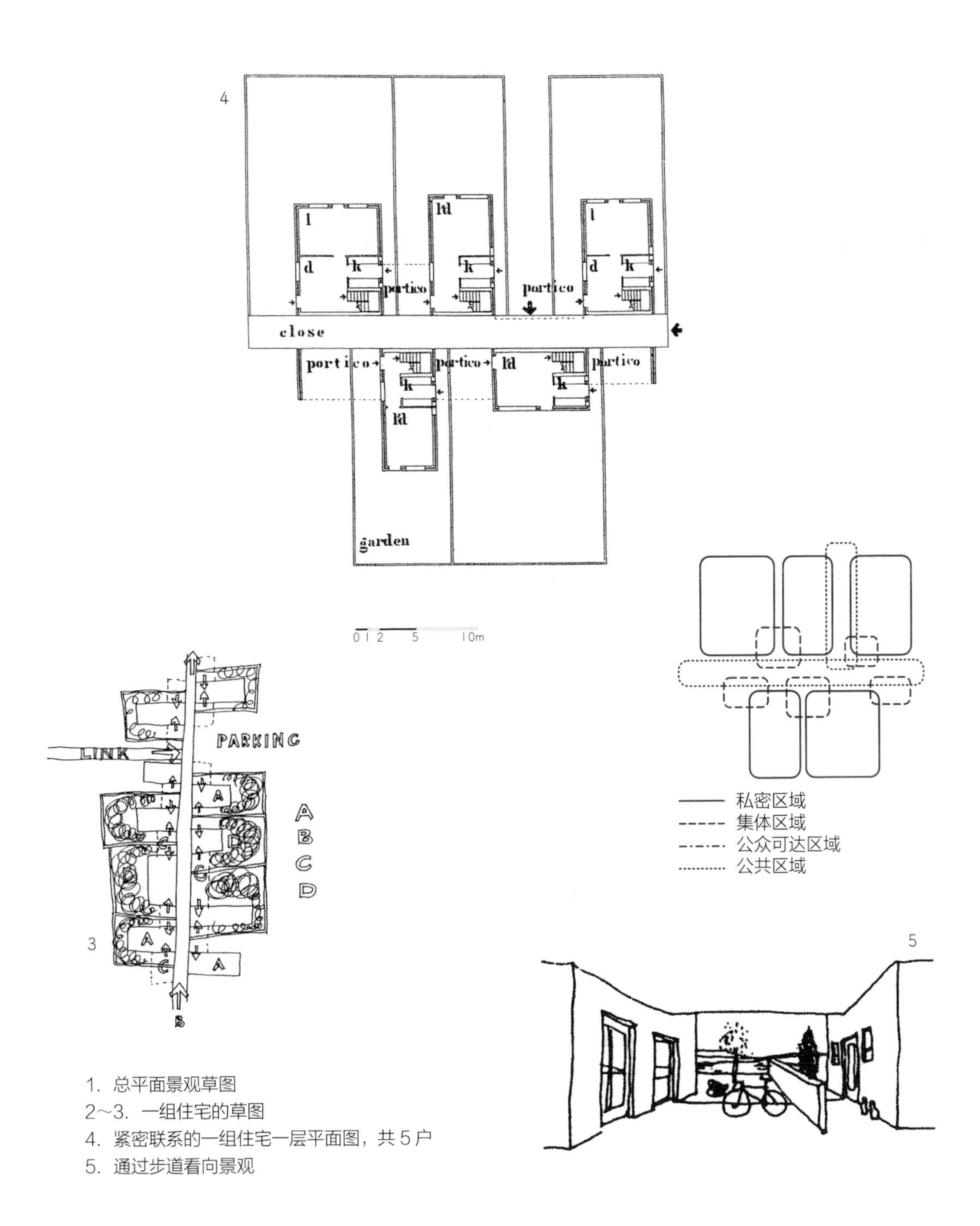

1. 总平面景观草图
2～3. 一组住宅的草图
4. 紧密联系的一组住宅一层平面图，共5户
5. 通过步道看向景观

对于毫无障碍地连接住宅和环境而言，车确实是一个主要难题。另一个消极方面是对于隐私的侵犯，当每公顷的住宅数量上升时尤为明显。如果为了让自然环境到达自己的家门口而不得不与他人分享这份自然环境，那么自己栖居于自然之中的梦想便总是被打碎。

这就产生了一个明显的悖论。因为私密性是内向的，若要保证郊区住宅必要的私密性，则必须用围墙或者其他封闭立面将房屋与外界隔离开来，同时也就隔绝了环境景观。

20 世纪初，麦凯·休·鲍利·斯科特（Mackay Hugh Baillie Scott）是最早尝试发展居住类型学理论，以调和私密性需求和视野需求之间矛盾的人之一。他的著作《住宅与花园》（House and Gardens，1906）中有一个联排住宅（terraced houses）的解决方案，它带花园且南向。他带着怀疑的态度展现了这种住宅类型，就像他所写到的，开发商认为一个方案是否有吸引力并非取决于这种住宅比传统类型更贵，而是因为它不寻常且与普通联排住宅完全不同，他称之为“缺乏艺术性”解决方法——这些话在今天已经不再探讨。

这个房屋的底层平面是英国乡村住宅底层平面的压缩版，而鲍利·斯科特自己设计的布莱克威尔庄园（见第 18 页）就是一个英国乡村住宅的典型案例。服务用房和其入口从一个与外部道路隔绝的前院进入。主入口通向花园边的大厅，大厅中有一个较低的休息区，配有壁炉和餐桌。

前院与街道之间以墙隔开，这道墙也是服务用房的外墙。结果就呈现了一道街墙，其上除了每隔 8 米开一个大门外什么都没有。这样房屋与外部环境就完全隔绝了。建筑室内和被墙围合的后花园维护了整个独立住宅田园诗般的乡村生活。

方案实现了相互独立的住宅向带院子的联排住宅的一次性转变。这样就使得这个方案与史密斯夫妇的亲密住宅有了共通之处。亲密住宅通过引入尽端路和封闭后院将联排住宅转变成为内院式住宅。

20 世纪 50 年代，联排式内院住宅十分流行。那种直接而生硬地将住宅与其周边环境隔绝，没有前院或后院作为进入公共空间的过渡的形式似乎保持了景观的完整性。但是，内院式住宅比其他类型的住宅都更多地展现出对密度的影响。如果密度很低，那么景观环境仍然可以穿透至内院中，比如在斯堪的纳维亚的许多案例，最显著的是约恩·伍重（Jorn Utzon）的弗莱登斯堡住宅（Fredensborg，1959）。当密度提高时，景观就从视野中消失了。院墙挡住了私密院落中的绿色，留下的是一个僵化的空间。

如果景观消失了，那么建筑的品质将成为唯一的决定因素。在1950～1954年间阿达尔贝托·利贝拉（Adalberto Libera）设计的位于罗马图斯克拉诺（Tuscolano）区的卡萨院落集合住宅（patio complex Ina Casa）中可见一斑。远看时，这个住宅区像是一个被墙包围的城堡或者一座刚从火山灰下面发掘出来的罗马城市。但近距离看这个封闭的住宅区却并不是坚不可摧，而是包含着丰富的空间多样性。这里有一组商铺，封闭的外墙在商铺橱窗的位置忽然断裂开来。商铺之间有巨大的拱门通向位于中部的开放式公共空间，一些通道连接了这个开放空间和内院式住宅。住宅的入口在通道增宽处以四个为一组形成组团。在住宅区的中心是一个小型的四层公寓。这个四层公寓的体量与低层的周边院落式住宅形成了强烈的对比，但从功能上讲，它是含混不清的，而且侵犯了周边院落式住宅的隐私。

塞吉·希玛耶夫（Serge Chermayeff）设计了最彻底的院落综合体形式。在他与克里斯托弗·亚历山大（Christopher Alexander）一起完成的《社区与隐私》（Community and Privacy，1936）一书中讲到，院落式住宅是郊区住宅的终极答案。书中图片展示出院落式住宅可以提供最佳的私密性保障，不仅是住宅公共空间之间，还有住户之间。作者认为相比其他形式的住宅，院落式住宅可以最好地使住房不受外界车辆在声音上和视觉上的侵扰。

希玛耶夫设计的城市住宅群（Urban group of houses）中的院落式住宅将院子和私密空间串成了一串。所有空间都可以通过走廊进入，这条走廊串联了整个细长的建筑。父母和孩子的卧室等房间分别布置在平面的两端，之间布置着可供互动的公共空间。每个院子形成了公共空间和私密空间之间、住宅和道路之间的缓冲区。长走廊里的9个门也将居住者之间的矛盾以及住宅与外部环境间的矛盾减少到最小。

这个设计包括平面设计和地块划分示意。步行道路成方格网状，住宅以六个为一组填满由步行道围合成的方形场地。车停放在位于格网形道路的边界的停车场。

联排住宅（方案）

麦凯·休·鲍利·斯科特

20 世纪早期

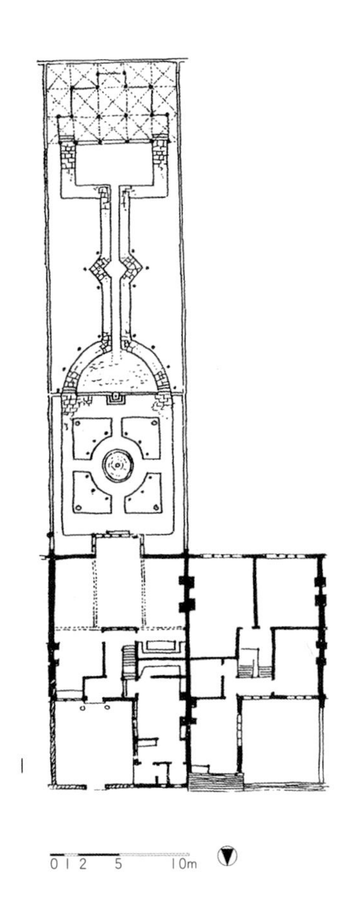

1

2

3

1. 一层和二层平面图
2. 花园内院
3. 街道立面

卡萨院落集合住宅，罗马，意大利

达尔贝托 · 利贝拉

1950～1954

4

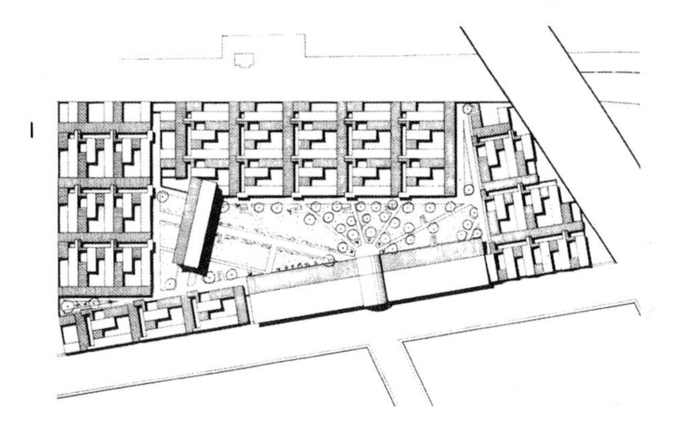

1

0 10 25 50 100m

——— 私密区域
- - - - 集体区域
-·-·- 公众可达区域
········ 公共区域

3

1. 总平面图
2. 包含四个家庭的一组住宅
3. 住宅区边缘的商店
4～6. 住宅之间的小径
7. 鸟瞰图

6

5

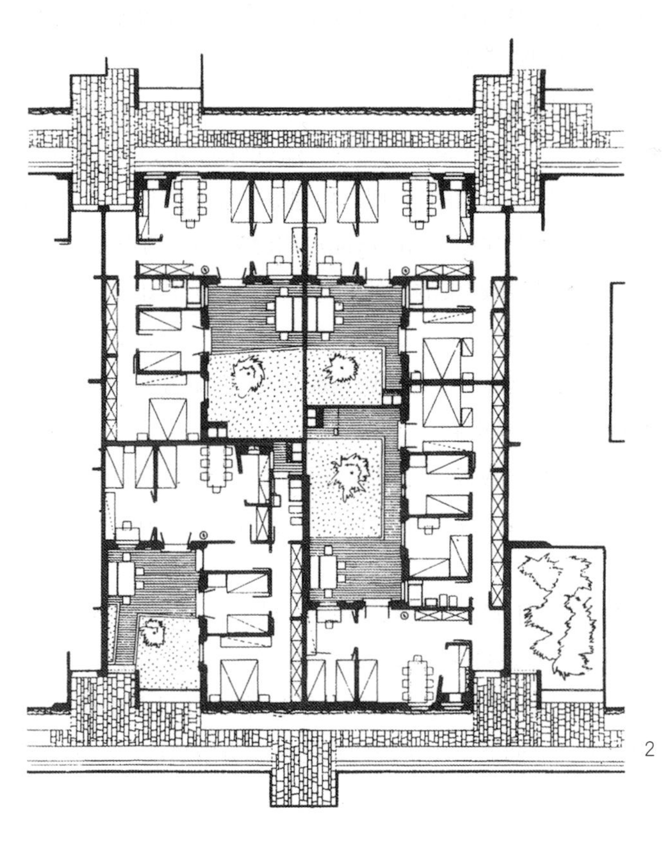

2

7

如果按照字面意思实施，希玛耶夫的示意图将会导致噩梦般的郊区住宅区设计，这只会让人怀念那种房屋都坐落在林荫大道旁草地上的经典美式郊区住宅。1963 年他在纽黑文自己的住宅中，使他的想法得到了实践。院落式住宅设计得到了精细化的加工，创造出一种更为细腻的院落式住宅，它被十分小心地放置在现存的绿色环境中，一个非传统绿色郊区环境。

伦敦布莱克希思（Blackheath）的思班地产公司（Span estates）所做的一个设计在更大规模上完美地解决了高密度、私密性、建筑与环境的关系问题，并且使难以避免的车行问题也得到了很好的处理。它建立在实用原则上，而非理论策划。思班地产是由埃瑞克·莱昂斯（Eric Lyons）和杰弗里·汤森德（Geoffrey Townsend）（前建筑师）共同发展起来的。他们与景观设计师普雷本·杰克布森（Preben Jacobsen）和艾弗·坎宁安（Ivor Cunningham）一起，在伦敦内外做了很多住宅项目，他们希望在这个过程中跨越单调无趣的英国郊区和乡村住宅设计限制的鸿沟，而这并非每个人都能做得到。

他们的主要原则是密度和适应性。方案致力于得到可能范围内的最高密度，以使住房的价格尽量低。同时建筑被置入环境时，十分用心地尽可能保留尽量多的植被。

思班地产的项目通常都是不同大小的独户住宅，或者二至三层的公寓。灵活的地块划分、私密空间和户外公共空间的灵活转换，使得项目即使在每公顷 70 户的密度下也保留有景观环境的连续性。车辆可以随意停放在景观环境中的小空地里。建筑设计颇为简单，立面通常由传统建筑的材质拼接组成，比如砖、木、瓦等。

思班地产最让人惊讶的项目位于布莱克希思公园。直到 1783 年这片区域还是一处大豪宅，但那年被出售给了开发商约翰·卡特（John Cator），他拆除了豪宅，将地划分成了几个大地块。从 1817 年建设了几条林荫道之后，这里建起了更多的独立式和半独立式住宅。在这次增加密度的过程中，基地的特点被保留了下来。公园边界上的大门清晰地标明了这个区域是一个整体，宽阔的林荫道和平整的用地使得环境十分完整。

思班的住宅以组团的形式增加，每个组团平均有 40 个单元。这意味着卡特不动产的密度将会进一步大幅提高。思班的项目通常建设在 19 世纪别墅的后花园里。由于卡特不动产仍然由业主完全掌控，所以通向思班项目的道路铺设可以忽略当地权威的规定和规范，从而变得尽可能简单。

通过这样的方式，在不影响布莱克希思公园的特色的情况下，仍然可继续提高建筑密度，因此，这个项目的乡村特征并非幻象而是实际存在的现实。布莱克希思公园的成功很大程度上得益于这个逐渐发展的过程，这是一个典型的增密度过程。这让它在实质上与其他任何一个郊区住宅区都不同：后者是一次性设计完成，没有转型和提升密度的可能性，因此它们的生命力往往比较有限。

城市住宅群（方案）

塞吉·希玛耶夫

1963

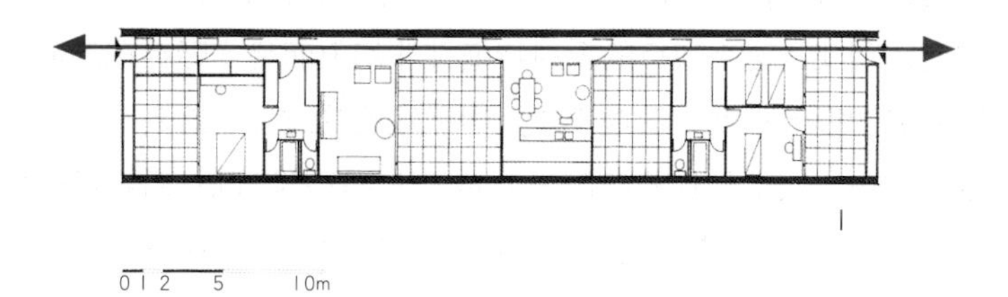

1

3

4

5

2

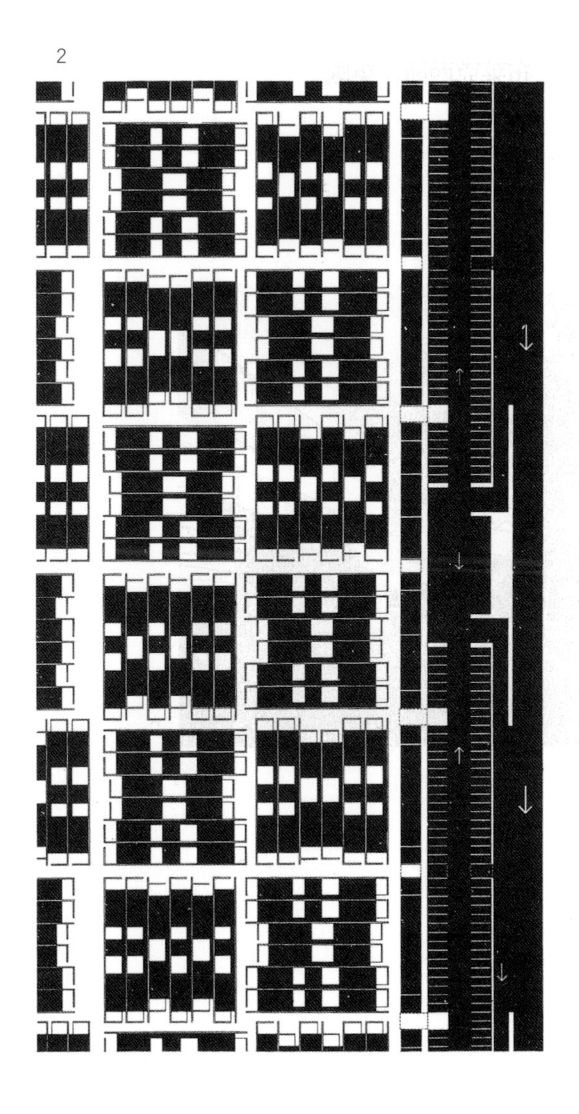

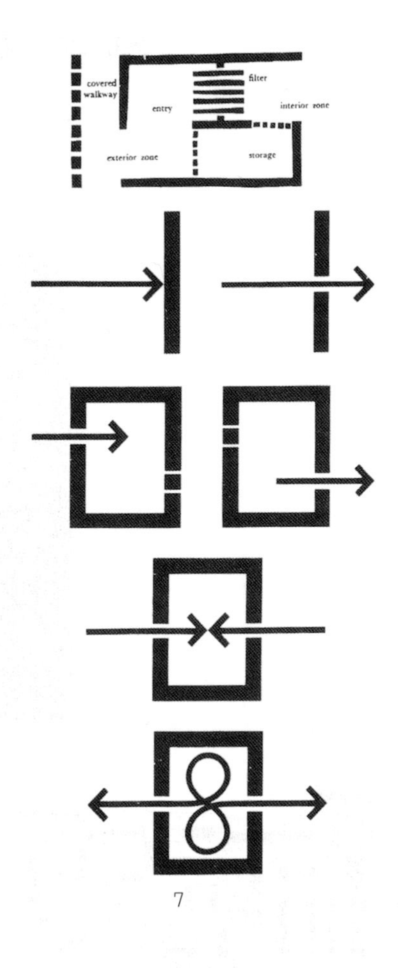

7

6

1. 天井住宅平面图
2. 住宅组团排布示意
3~6. 希玛耶夫住宅，纽黑文，1963
7.《社区与隐私》中的图表

思班地产住宅，南区，布莱克西斯，英国

埃瑞克·莱昂斯

1959～1963

6

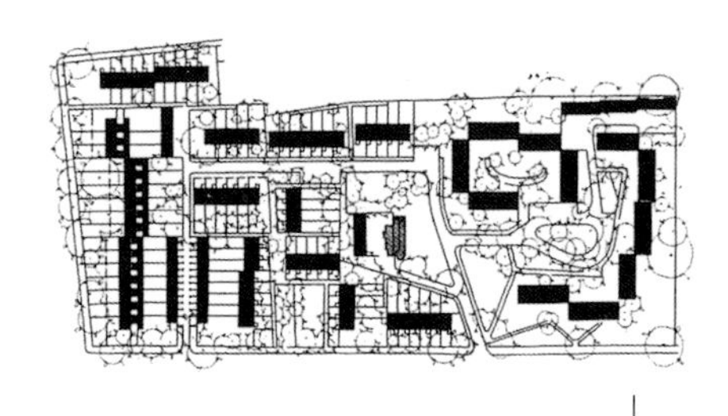

1

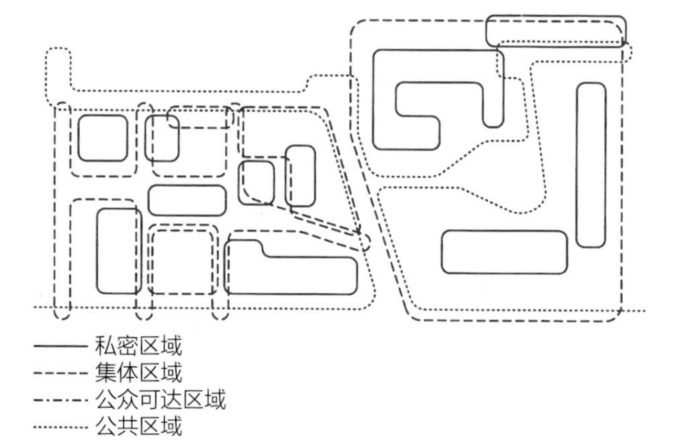

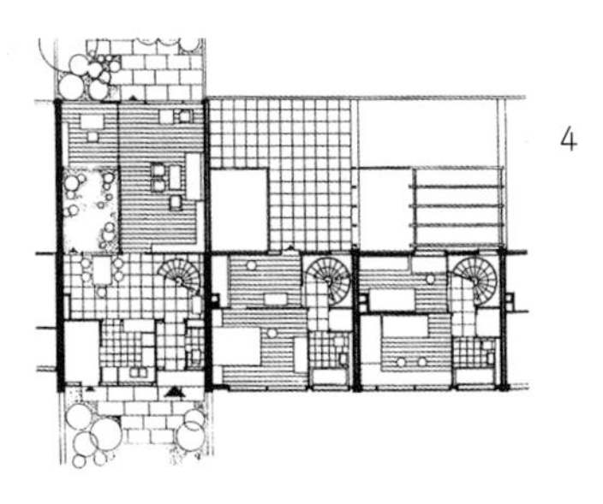

4

0 1 2 5 10m

1. 总平面图
2. 单户住宅
3. 带庭院单户住宅
4. 院落类型平面图
5. 单身住宅，转角绿地
6. 公寓及入口大堂

2

“联系”这个主题，对位于城市郊区和城市内部的设计任务来说几乎同样重要。城郊住宅被定义为非城市性的，因此要求它与土地建立触觉或视觉上的紧密联系，这也是尽可能地让景观与住区发生交织的原因。对于城郊住宅，针对性的总图设计和住宅类型非常重要。尤其是高密度要求下，建筑、地块、开放空间必须混合，以保证城郊住宅的质量。

但是住宅数量最大化要求，和住宅地块最大化的需求，使得建筑和景观的交织受到破坏。这使得城郊住宅失去其潜在品质，导致了无趣的住宅区的出现，它们既缺乏城市丰富性，又不具备自然环境的空间。如果认为这种无趣性可以通过建筑立面的表现力得以弥补，很遗憾这是错误的。相反，随着密度的提高，建筑应该尽可能地降低存在感。城郊住宅的质量，尤其是高密度的情况下，应由空间多样性决定，而非建筑的多样性。

住宅和景观的交织是很多城郊住宅设计的主要原则。为了实现这种交织，新建住宅边缘的绿化必须尽可能地在住宅之间延伸，从而在私密地块、集体区域和公共绿地之间产生最大界面。格鲁斯特（Grootstal）和 蓬堡（Ypenburg）是一个典型的案例，它在一个简单而连续的建筑和结构框架中发展出了丰富多样的住宅类型。赫德曼（Hedeman）的案例也遵循了同样的原则，他在阿尔默洛城的郊区进行了针对工业遗址的改造。

郊区绿地的面积通常受到经济因素的严格限制。为了避免有限的集体或者公共绿地碎片化而变得难以察觉，奥斯特豪特（Oosterhout）的住宅设计采取了集中化的方法，以使绿色开放空间最大化。而且，住宅被设计为狭长形，从而使每个住宅都可以看到开放空间。在这些案例中，住宅的设计都臣服于公共空间的设计。

R R R R R R R

R R R R R R R

R R R R R R R

R R R R R R R

R R R R R R R

R R R R R R R

R R R R R R R

1 格鲁斯特住宅项目，奈梅亨（Nijmegen）

在这个为 150 户市政廉租房所做的住区中，公共空间的设计为人称道。最初城市设计中死板的排列式布局，在经过一系列调整和扭转后，产生了种类多样的公共空间。道路及停车与这些绿地垂直布置。住户的房子紧邻绿地，而这些绿地又直接通向贯穿整个住区的长条形公园。公园也是这个住区的生态区。在底层，公共空间被尽量做得开放，种植了大量的草地、树木，布置了步行小径。建筑体块作为背景，为这个绿色居住区提供了安静的环境。私家后院被石块砌筑的院墙围合。在另一边，混凝土铺就的步行道分割了住宅和公共空间。这些联排住宅的立面都采用相同材质。然而通过整体规划中转向、倒置等调整，每个街区看起来都不同。对于面宽 4.8 米的单坡顶住宅，已经发展出了很多种不同的房屋类型，每一种都有自己的空间特征。

2

4

1. 总平面图
2. 鸟瞰图
3. 围墙和生态区
4. 围墙

3

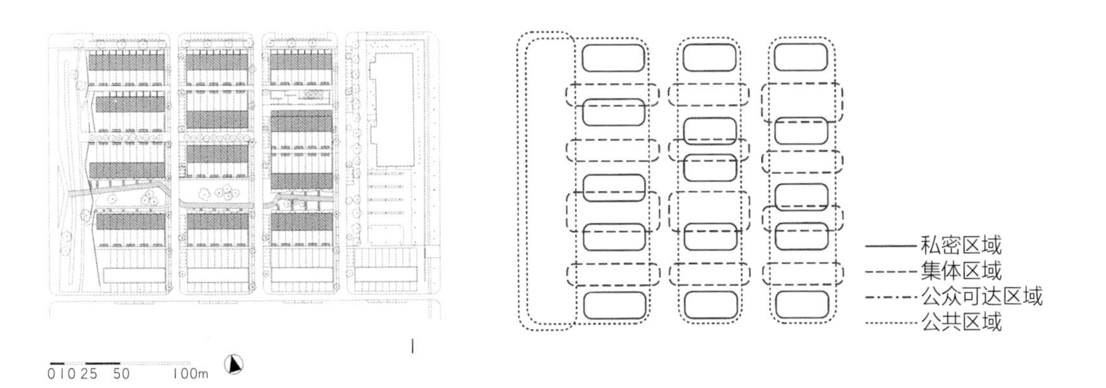

1

5

1. 中心绿地
2. 五种住宅类型
3. 类型 A 室内
4. 类型 D 室内
5. 类型 E 室内

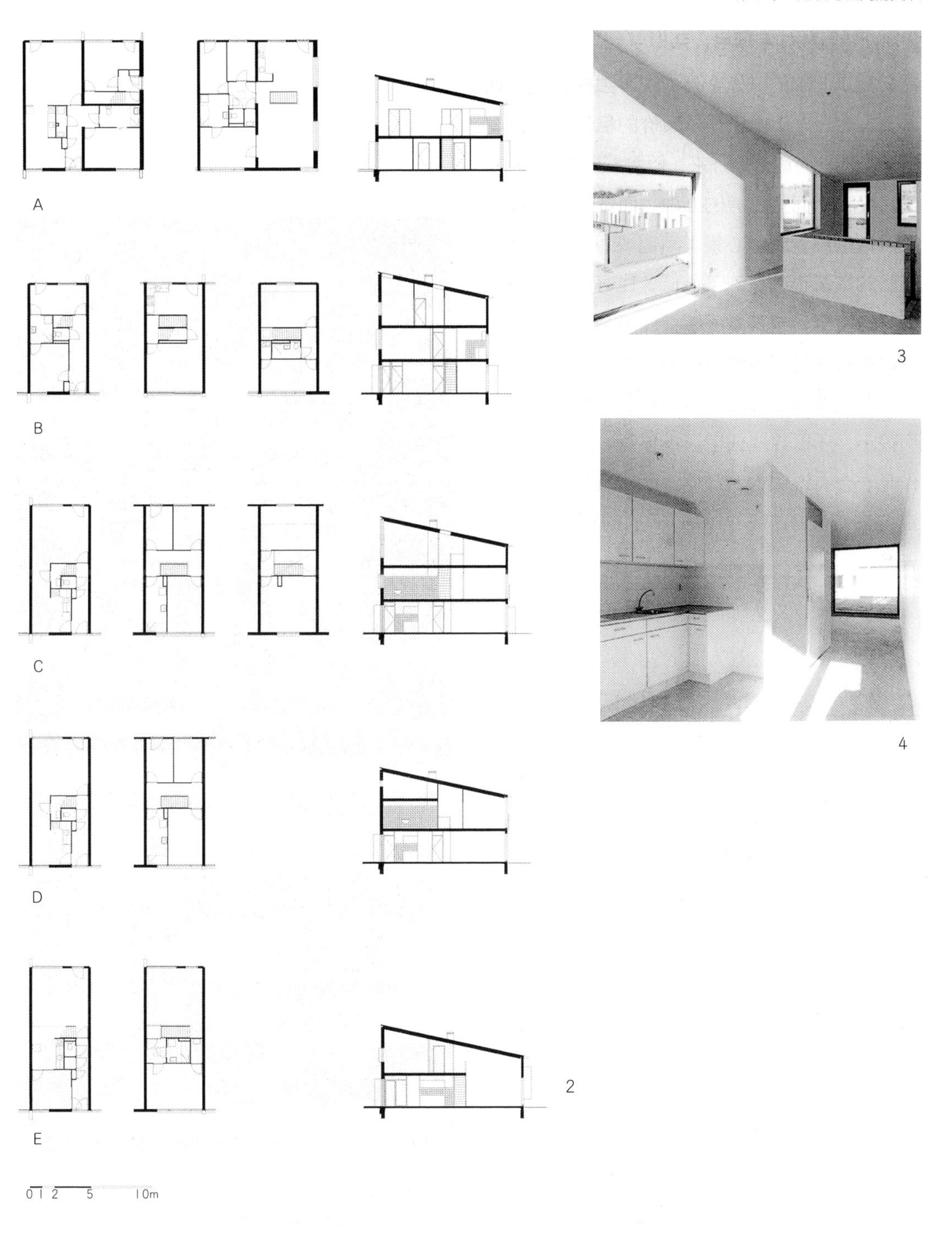

2

3

4

2 奥斯特豪特住宅项目，奈梅亨

在奈梅亨北部的一处全是传统半独栋住宅的地块上，建设了 100 户十分廉价的租住房和自建房。场地被河道分隔开来，雨水汇聚于河道中。通过设计小面宽住房的办法（面宽最大 4 米），使得每一户看到中心景观河道成为可能，而且道路的数量也减少到了最低。住房面向河道的一侧设有平台或开敞庭院，而不是花园。狭窄的院落式住宅有多种多样的室内组织形式，而且也具有向屋顶扩展的可能性。由于沿街立面很小，所以这些住宅很不显眼。这也同时算作是一个有说服力的证据，即建筑可以摆脱既定的某些美学常识，例如附加的屋顶和立面元素。

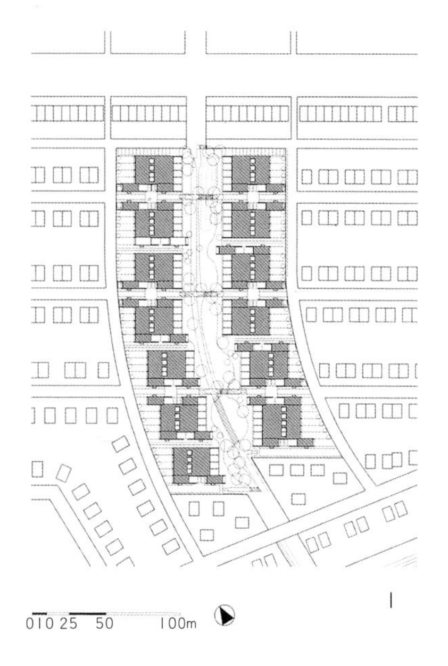

1

3

4

1. 总平面图
2. 一组变化多样的建筑平面
3～4. 鸟瞰图
5. 干涸的河流旁边的绿地

5

2

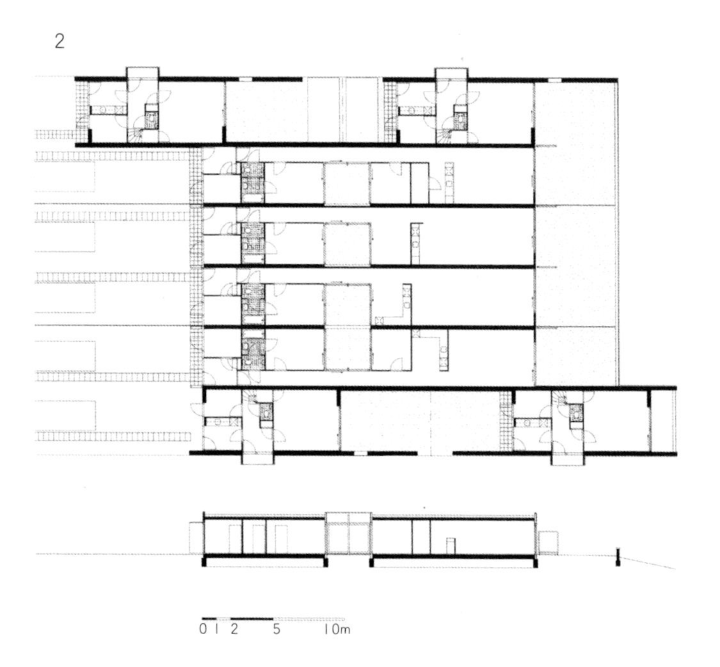

3 赫德曼基地城市规划，阿尔默洛（Almelo）

赫德曼地块以前是工业用地，它沿着通向奥特马瑟姆（Ootmarsum）的带状发展区布置，位于老旧的现状道路和阿尔梅洛诺霍恩（Almelo-Nordhorn）运河之间。用墙围起来的工业用地，完全将运河及其后面的田野与旁边的住宅区分隔开来。设计基于一种传统的方式划分地块，即保证一条条视线可以贯穿地块，连接道路与运河景观。住宅顺着横向路径（即视线方向）布置。带状的花园、小路和房屋，与木质的堤坝和宽阔的沟渠交替布置。三条环路提供了车行通道。这些环路导向周围的旧小区，从而连通了新老区域，同时也提供了一个立竿见影的借口，以利于周围小区进行更新。这个设计的中心元素是位于奥特马瑟姆大街拐弯处的一个带有商店的广场。这个平整的广场也可以作为市场使用；广场后面有一片朝向运河的绿地广场；一座学校位于其旁边。与格鲁斯特项目类似，只是这个实验性项目的用地规模更大。此项目设计的关键点也在于各种各样公共空间的连接。同样的，这个设计中建筑也处于从属地位。

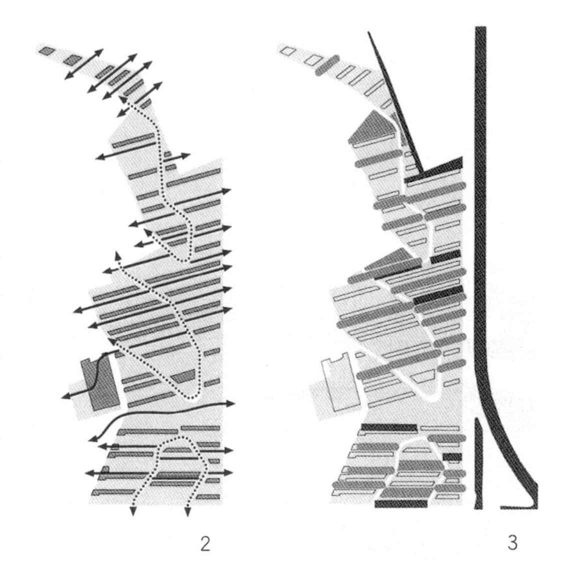

1. 总平面图
2. 街道与路径分析图
3. 绿化与水系分析图

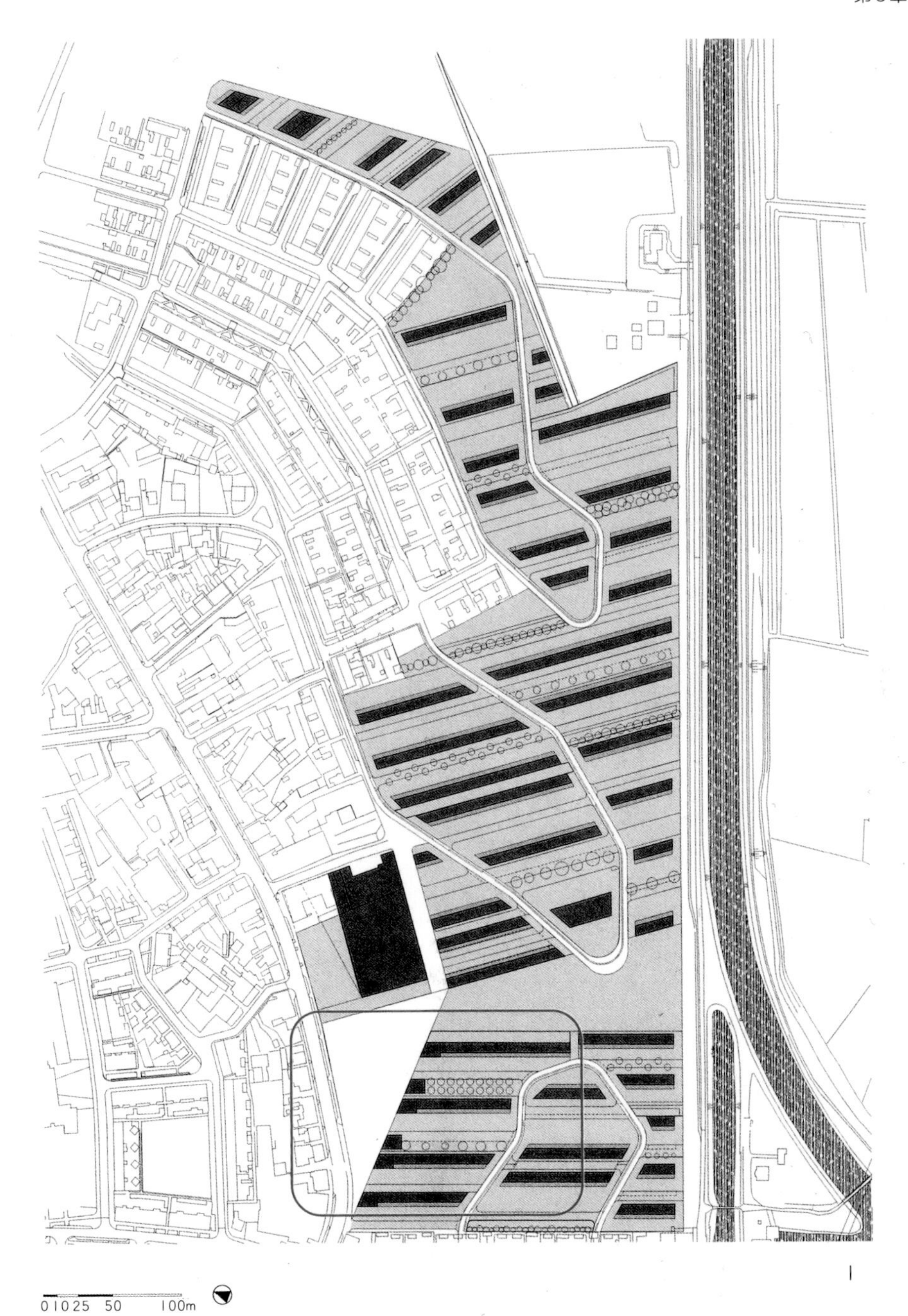
0 10 25 50 100m

4

5

6

4~6. 微缩模型

4 Singels II 子计划，蓬堡，海牙

这个 650 户住宅的设计项目位于 De Singels 城市末端，是海牙的蓬堡纳克斯（Ypenburg Vinex）地产项目的一部分，也是项目和周边地区之间的联系部分。这个设计完美地诠释了纳克斯地产的设计理念，即自治性和内向性。项目由很多附属区域的群岛组成，每一个都有自己的主题和特征，这是由城市规划师设定的，意图能在各个居住区之间创造出人为的区别。Singels II 子计划项目使用线性布局与周围住宅衔接，但在端部适度扩大，使得更多的住宅朝向绿地，并引导绿地向居住区内渗透。屋顶设计与建筑轮廓相匹配，其细长的天沟和屋脊线增强了长阳台的活力，也与周边建筑的形式达到统一。整齐的立面掩饰了内部住宅类型的多样性。屋顶空间在室内外都具有主导性。大多数房子可以从楼梯上看到阁楼。精心设计的立面仅使用了少量的材质、开窗形式和颜色，这加强了与外部环境的关联。中心绿地与周边居住区的公园和谐衔接。住区内部及边界均可通过步行路径通到绿地边缘。人们不需要依靠周边建筑，而是通过路边的植物种类及种植方式的不同而识别住区内的街道。

1

2

1~2. 鸟瞰图

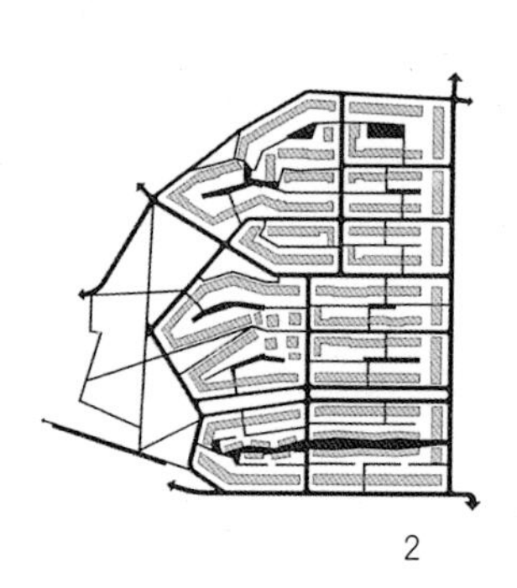

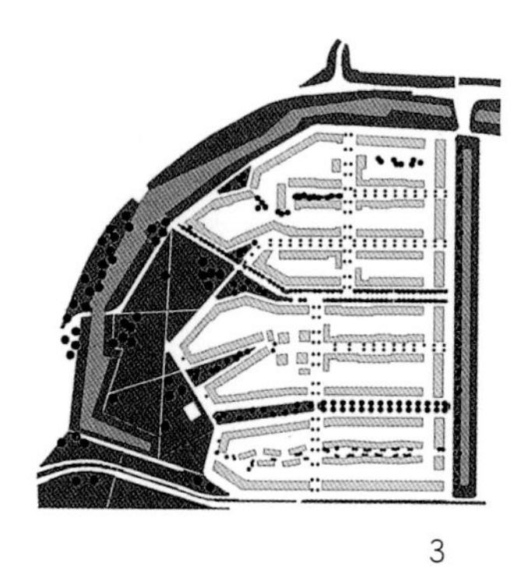

1. 总平面图
2. 街道及步行系统分析图
3. 绿化及水体分析图
4. 六个不同的住宅单元

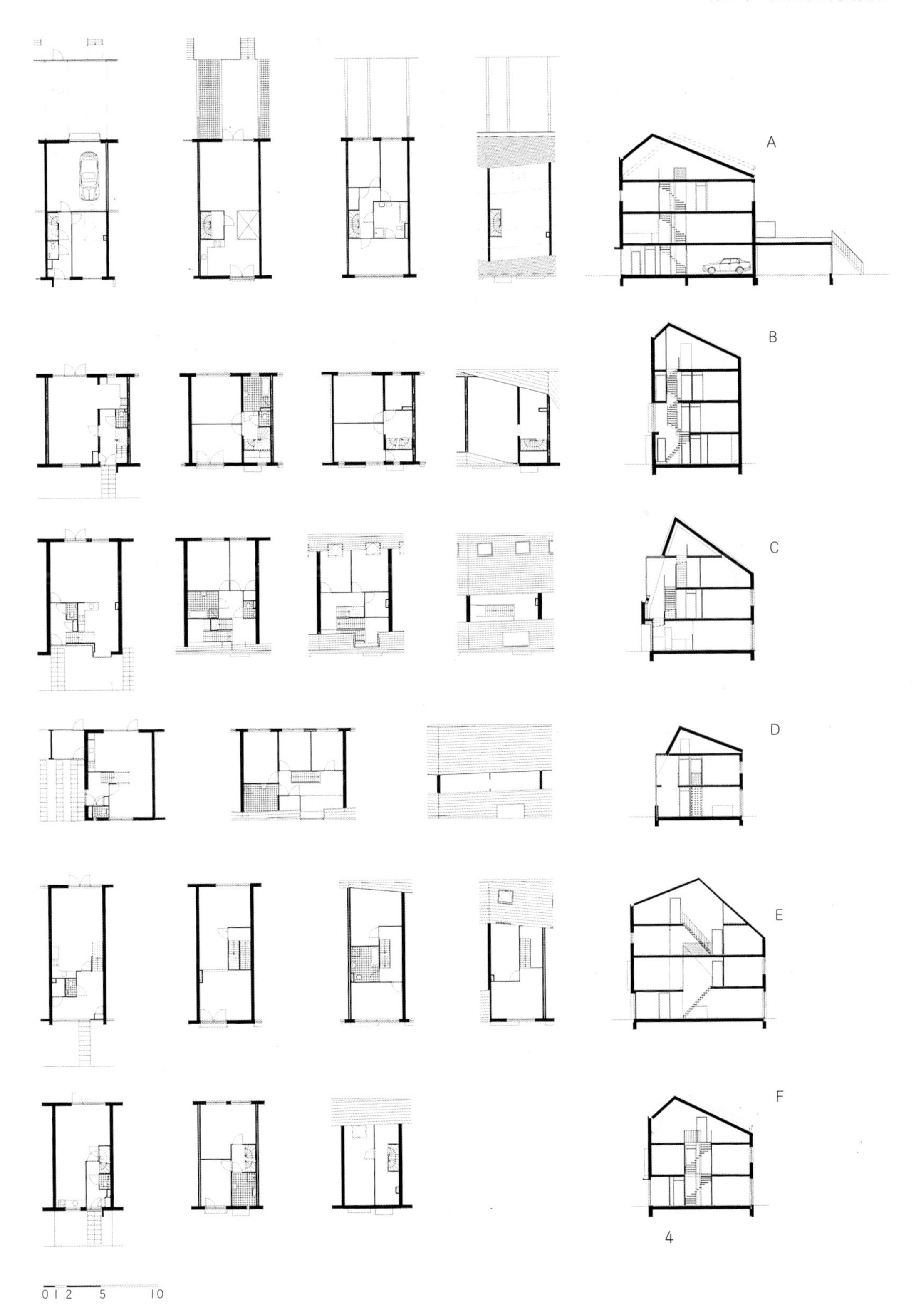
A
B
C
D
E
F
4
0 1 2 5 10

1

1. Singel，类型 A
2. 绿地边缘的步道，类型 C
3. 住区之间的道路，类型 D
4. 面向绿地的住区转角部

2

3

4

后 记

本书的写作并非基于多么宏大的理论，或者以多么宽广的视角告诉人们建筑应该是什么样的。首先，也是最重要的，这本书是对建筑环境的实践性思考，尤其是从空间角度。本书主题是提供一种看待建筑的角度及由此衍生出的设计方法。它的前提是空间的丰富性，当然最终的目的是让建筑及环境以一种更有意义的方式运作：我们该为如何为日常生活提供（或留下）建筑空间？

本书不讨论抽象概念，而是讨论有形的建筑和具体设计。人们可以有多种方式来阅读它：可以作为一本关于如何做建筑的教学手册，也可以作为一本非传统的关于建筑内外部空间的历史书，还可以作为一本介绍和解读作者和其他人的基础项目的作品集。

不管如何，这本书首先邀请读者全面接近建筑——通过设计作业、建筑历史、现有建筑改造等——它们各不相同。我们不能说黑体字就是本书的全部理念，但是它们代表了一些特定的观点。

借用罗伯特·文丘里在1966年介绍他的书《建筑的复杂性和矛盾性》（Complexity and Contradiction in Architecture）时所说的，本书即使只是一种“温和的宣言”，但书中的批判也是很尖锐的。批判的目标是那些通过单一路径进入的形式化建筑或者概念性建筑、一元化的建筑及周围空间，以及众多没有空间的当代建筑。基于迪克·凡·汉默德给出的历史及现代建筑案例以及他自己的设计作品，向您展现了如何跳出这些陷阱，以及空间丰富性对于建筑和使用者而言意味着什么。

如果说建筑中有一个元素难以描述，那么它就是空间。我们很难找到一个恰当的词汇精确描述空间的品质。这也就是为什么讨论建筑空间的论文最多，但人们却很难找到一本书以浅显易懂的方式描写这个必不可少的建筑元素，更何况这个元素很难被界定本质。当然，精准的描述建筑内部、外部和建筑周围环境中的空间，就更难了。格里特·里特维尔德（Gerrit Rietveld）曾经说过，当你观察一座建筑时，你首先看到的是色彩，然后是形式，最后才是空间。这个观点是否科学并不可知，但它与人们平时讨论或者描写建筑时是一致的，而且，显然也与人们观察建筑时的表现是一致的：空间总是最后才被考虑。第一眼看建筑，总是表现为材质和形式，这是第一眼看建筑时的一种限制，想要看到空间并抓住它的要领，就要摒弃这种限制。我们至少需要再看一眼，第二次看就需要看得更深远，并注意空间及空间中的运动了。

本书是对第二次看建筑时，对所看到内容进行描写的一次成功尝试。写作基于过去和当前的大量案例。这些案例不只是随意地引用视觉效果——虽然这样的做法在建筑评论中十分常见——本书中的案例都带有很好的分析。大部分的历史建筑设计案例取自欧洲西北部，尤其是英国，这反映出了迪克·凡·汉默德的个人偏好。

这本书中的历史案例并非用于证明建筑师自己作品的品质，而是可以，也应该被看作是一种视角，一种认识到了没有什么建筑是全新的、史无前例的。它也是对现在如日中天的新奇古怪建筑的含蓄批判。不论建筑看起来有多么新颖奇特，总能找到在主题上与之相似的先例，不管设计者是否认识到自己的作品只是某个系列的一部分。

对于“奇特”的批判本身并不是那么惊天动地。但是它确实跟一些观点相左，尤其是现如今那些十分擅长做出奇特造型并认为新奇的创造十分有必要的建筑师们。

在形式方面，本书结合了历史案例和作者自己的作品；在内容方面，力求丰富与细致。从这两方面看，本书无疑与文丘里著名的《建筑的复杂性与矛盾性》有所关联。文丘里的这本书是纽约现代艺术博物馆所发表的系列丛书中的第一个，而且在被发表之后的40年中也是唯一的一个。文森特·斯考利（Vicent Scully）在前言中说，这本书将成为继柯布西耶《走向新建筑》（Vers Une Architecture）之后的唯一一部划时代的建筑著作，而《走向新建筑》已是40多年之前出版的了。

这个预言成真了，少部分原因是斯考利颂文的自我应验，而更多的要归功于书名清晰直白地表明了这本书的内容。不用读，每个人都可以知道《建筑的矛盾性和复杂性》要讲什么，或者至少读完前言的第一段就能了解。这就是这本书的强大之处，即使这与书中主要论点的讨论不一致。

现在很多书并不能产生这样快速的效果。《重温空间》一书让人联想起迪克·凡·汉默德特别喜欢的另一部书，1963 年塞吉·希玛耶夫和克里斯托弗·亚历山大的经典之作《社区与隐私》，这本书的书名就没有清晰地表达出将向读者展示的内容。《重温空间》这个名字最多只是给了读者一些关于内容的线索。它应该是关于建筑空间的，介绍了多种观察建筑空间的角度。然而这个书名也暗指海因里希·科劳兹（Heinrich Klotz）的书和在法兰克福的德国建筑博物馆的展览："现代主义回顾"（Die Revision of Moderne）和"后现代建筑 1960～1980"（Postmoderne Architektur）。这是继 1980 年威尼斯双年展的"过去的存在"展览（La presenza del passato）之后对后现代主义的第二次回顾。后现代建筑十分迅速地退出了潮流，它存在得不够久，无法成为永恒。现如今，后现代给人的惊奇感已经退去，而它对于精细的缺失变得十分明显，展现出反现代主义是多么肤浅，对历史元素的引用是多么随意。但这并不能改变后现代主义做出了很多重要的贡献这一现实。对于历史的多样性，后现代主义建筑师、评论家、历史学家为我们（再次）打开了视野，他们的所作所为有着持久的价值。因此，从 20 世纪 70 年代以后兴起了对于那些曾被忽视、遗忘、无人知晓的建筑的兴趣，但是并没对历史进行系统性的重新定义，而是如一些漫步式的探险一般。尽管如此，它总是伴随着一种反现代主义的潜在情感，这是因为这些兴趣总是集中在那些脱离于历史教科书（也就是现代主义）的建筑上。这并不能改变建筑史和建筑评论中与生俱来的弱点：内容重复，已经说过或写过的东西重新被验证。结果是，重复在很大程度上基于积极的反馈，使得重要的更加重要，而不重要的更加不重要。

通过关注那些被历史准则认定为不重要的建筑，迪克·凡·汉默德至少成功地避免了部分陷阱。不可否认，他具有渊博的建筑历史知识，比很多建筑史学家都要多。他的知识不局限于经典，对那些被建筑史书认为是边缘人物的建筑师也有所了解，他们由于作品没有改变历史或者没有创造出当时史无前例的建筑，又或者没有创造出代表潮流的建筑而被认为是边缘人物。然而这并非意味着他们的建筑或设计不够出色，只是因为他们是支撑起历史的大多数。

《重温空间》一书是对不同视角的一种诉求，不仅是审视建筑的视角，也包括审视传统的建筑历史写作的视角。虽然凡·汉默德以自由的态度看待历史，但他并没有完全摒弃烙印在传统建筑史中的等级观念。传统建筑史决定了他的建筑历史知识，而书中历史案例的选择揭示出他公开的反抗，然而这并不能削减他对于所选择的建筑及设计的真正迷恋。

这本书把最好位置留给了很多只有业内人士才知道的建筑师。本书并没有涉及密斯·凡·德·罗、勒·柯布西耶、阿尔瓦·阿尔托之类的20世纪建筑大师，而且提到知名建筑师时，展示的总是他们不那么有名的作品。

而且，凡·汉默德对于知名建筑的看法也很不传统。他对于诺曼·福斯特早期作品的兴趣并不在于他那些技术性的创新，而是集中在他的某一个作品的社会空间上。同样地，他对于后现代大师埃德温·路特恩斯的兴趣，并非在于他形式主义的独特风格（这在后现代时期十分流行），而是他的空间技巧。同样的还有后现代大师文丘里、詹姆斯·斯特林；凡·汉默德探讨了后者在斯图加特的新国家美术馆，这是20世纪80年代中期非常重要的作品，而现在已经成了被遗忘的一处建筑地标。凡·汉默德对于后现代主义的观点自成一体。

本书的观点基于后现代主义，并没有任何反现代主义。那些风格上极其接近后现代主语的建筑也是如此。迪克·凡·汉默德的作品并不包含任何华丽的模仿、引证和拼凑。书中的作品和论点，综合反映出建筑历史并不仅属于过去，同时也是具有价值的启发新设计的源泉。同样的，凡·汉默德偏好的后现代建筑包含了丰富的意义、层次和细微差别。在现今建筑界新奇概念化和猎奇感观体验相互角逐的背景下，如此不时尚的观点是强大的建筑自制性的一种标志。

1984年，迪克·凡·汉默德是代尔夫特理工大学的一位学生，那时现代主义仍然在代尔夫特流行，而且没有任何人做好了修订现代主义的准备。直到80年代末的研讨会“荷兰建筑有多现代?”，代尔夫特才开始对现代主义进行反思，那时正值雷姆·库哈斯教授离开代尔夫特大学，而凡·汉默德也早已毕业。

迪克·凡·汉默德无疑在代尔夫特接受了传统现代主义训练。虽然代尔夫特的课程并没有很重视后现代主义，但迪克还是受到了后现代主义的塑造。一方面，他的兴趣点绝大部分集中在现代主义，因为对于后现代建筑而言空间并不重要，重点集中于符号化的形式（或者说被诠释的象征性形式）上，在建筑的旗帜下表达意义。另一方面，他将建筑史看成是知识的源泉及空间策略的灵感源泉，这也离不开他对后现代主义的开放性接纳。书名中“重温”（revisions）使用复数形式，可以看作是一种典型的后现代主义：对以前傲慢自大的空间定义的质疑。

迪克·凡·汉默德对于历史建筑空间尺度的兴趣在他的学生时期就已经十分明显了，从他参加马克斯·里塞尔达（Max Risselada）的研究“空间设计与规划自由”（Raumplan versus Plan Libre）就可以看出。当年，这个研究项目更加注重分析两个在现代建筑史册中占有一席之地的著名建筑师的空间概念。《重温空间》一书体现了他个人对建筑的品位，他对已建成作品的重新审视，以及研究那些很少受关注的作品、对待主流历史离经叛道的态度。

书中的建筑和项目并非按时间顺序排序，但它们在每一章出现的位置都经过了设计，以确保讨论有逻辑地展开。本书与很多建筑师和历史学家对待历史的方式有着巨大不同，而上述的只是这种巨大差异中的一个很小的体现。

对于历史学者而言，历史就是一个简单的结果。为了达到这个目的，历史学家的主要工作就是历史事实的解释，历史的撰写和重新撰写，建立其中的联系，并追溯其发展。即使过程中没有宏大叙事或者神圣的信仰，对于大多数历史学者而言，他们的行为依然由叙事组成，从而建立了一系列人、物和事件之间的联系。不管有时他们的叙事多么碎片化、缺少方向，只要按照事件顺序，历史学者的文字总是能展示一个发展过程。这就是大事记在建筑历史中总是十分重要的原因。最后的办法，大部分历史学者的叙事可以简化为一种先驱、主角、追随者以及与之相对的反对者这样的模式。重点多集中于先驱和主角身上，而较少集中于追随者和反对者身上。但这本书不同，没有任何一个历史案例是这类建筑的首创。

另一方面，对于建筑师而言，目的并非真实地描述和客观地评价史实。对他们而言，历史是一种工具，可以主观地运用到设计中：很多案例对解决现在的设计问题可能是有用的。当涉及空间中的活动这样的主题，或者尼古拉斯・佩夫斯纳对建筑的定义时，历史编年表自然不再重要。不管建筑在技术、建造、规划层面如何发展，诸如空间设计以及空间联系与分离的创造，都是本学科的基础，不会改变。当涉及这样的主题时，建筑师都要毫不犹豫地视历史为设计灵感的源泉，不论历史始于何年以及位于何处。

但是很多建筑师不注重或者很少关注历史。建筑的历史当然是一种固定荷载。挣脱伟大先驱的影子的最简单的办法就是忽视他们。如果不模仿，那么对创造一个可以对现存建筑做出实质性贡献的新建筑的尝试，几乎从一开始就注定是失败的。这种方法与现代主义的“白板”传统一样：设计者完全放弃过去、重新创造新的建筑，这是最近超现代（supermodern years）里最流行的实践方式。

也有些建筑师通过迎合历史为自己的行为正名，对于那些反对沿用历史范式的声音，历史建筑已被肯定的品质可作为其无懈可击的论据。莱昂・克里尔（Leon Krier）曾经称这种传统主义者的态度为“回到将来”（backwards into the future）。这样死板的方法并没有充分考虑建筑的丰富性及多样性。

在完全摒弃历史和奴性地服从历史这两种极端之间，存在着很大空间可以自由地获取新的设计策略，同时又不否定历史。只有很少的建筑师采用这样的态度。迪克·凡·汉默德的所有作品和《重温空间》这本书证明了他是这群建筑师中的一位。

汉斯·伊贝尔斯（Hans Ibelings）

迪克 · 凡 · 汉默德作品信息列表

第 1 章

1 运河边的房子，爪哇岛阿姆斯特丹

设计者：迪克 · 凡 · 汉默德

委托时间：1993
业主：Moes Bouwbedrijf West BV，阿尔默勒
建成时间：2000
建筑总面积：225m^2
施工方：Moes Bouwbedrijf West BV，阿尔默勒
结构工程师：Heijckman Huissen
项目助理：Marcel Driessen

2 私人住宅，Valeriusstraat，阿姆斯特丹

设计者：迪克 · 凡 · 汉默德

委托时间：2001
建成时间：2002
建筑总面积：180m^2
施工方：Valk Bouwbedrijf，Lisserbroek
结构工程师：Strackee BV Bouwadviesbureau，阿姆斯特丹
项目助理：Peter van Assche，Helga van Wijk

3 住宅，婆罗洲，阿姆斯特丹

设计者：迪克 · 凡 · 汉默德和比亚纳 · 马斯滕布罗克（Bjarne Mastenbroek）

委托时间：1996
建成时间：1998～1999
建筑总面积：260m^2
施工方：Bouwbedrijf M. J. de Nijs & Zonen BV，瓦门赫伊曾
结构工程师：D3BN，阿姆斯特丹
项目助理：Eric Heeremans，Willmar Groenendijk

4 婆罗洲端头公寓，婆罗州，阿姆斯特丹

街区设计者：迪克 · 凡 · 汉默德和比亚纳 · 马斯滕布罗克
公寓设计者：迪克 · 凡 · 汉默德

委托时间：1993
业主：Smit's Bouwbedrijf BV，贝弗韦克
建成时间：1999

建筑总面积：120m²
施工方：Smit's Bouwbedrijf BV，贝弗韦克
结构工程师：Smit's Bouwbedrijf BV，贝弗韦克
项目助理：Willmar Groenendijk，Jacco van de Linden，Leo de Winter

5 辛格运河旁的公寓，阿姆斯特丹
设计者：迪克·凡·汉默德

委托时间：2001
建成时间：2001～2002
建筑总面积：100m²
施工方：Kluster，Puemerend
项目助理：Mike Davis，Helga van Wijk

6 坐落在前污水处理厂的公寓，阿姆斯特丹
设计者：迪克·凡·汉默德和比亚纳·马斯滕布罗克

委托时间：1999
建成时间：2000
建筑总面积：130m²
施工方：Bouwbedrijf M. J. de Nijs en Zonen BV，瓦门赫伊曾
结构工程师：Pieters Bouwtechniek BV，哈勒姆
项目助理：Ad Bogerman，Lada Hrsak，Paddy Tomesen，Leo de Winter

7 办公楼，斯滕韦克
设计者：迪克·凡·汉默德

委托时间：1997
业主：Woonstichting De Kop，斯滕韦克
建成时间：1999～2000
建筑总面积：2200m²
施工方：BAM Utiliteitsbouw BV Region Noord，格罗宁根
结构工程师：ABT，菲尔普
项目助理：Willmar Groenendijk，Daniëlle Huls，Peter Schoonhagen，Leo de Winter

8 荷兰大使馆，亚的斯亚贝巴，埃塞俄比亚
设计者：迪克·凡·汉默德和比亚纳·马斯滕布罗克

委托时间：1998
业主：海外事业司，海牙
建成时间：2002～2005
大使馆和公寓建筑总面积：3300m²
施工方：Elmi Olindo & CO. PLC.，亚的斯亚贝巴
结构工程师：Ove Arup & Partners，伦敦
项目助理：Lada Hrsak，Mike Davis，Matteo Fosso，Willmer Groenendijk，Jack Hoogeboom，Sebastiaan Kaal，Miguel Loos，Jeroen van Mechelen，Holger Muhrmann

9 欧洲中央银行，法兰克福，德国

设计者：迪克·凡·汉默德，达尼埃尔·许尔斯（Daniëlle Huls），米格尔·洛斯（Miguel Loos），和弗瑞克·洛斯（Freek Loos，来自 Bureau B+B Stedebouw en Landschapsarchitectuur BV）

竞赛时间：2003
业主：欧洲中央银行 法兰克福 德国
建筑总面积：200,000m^2
项目助理：Ronald Feddes，Sebastiaan Kaal，Holgar Mührmann，Jan Schombara
B+B：Ulrike Centmayer，Martin Arfalk，Hendrik Dekker

10 AMOLF 原子核分子物理实验室，阿姆斯特丹

设计者：迪克·凡·汉默德

委托时间：2004
业主：F.O.M. Instituut AMOLF，阿姆斯特丹
建成时间：2006
建筑总面积：8740m^2
结构工程师：Aronsohn raadgevende ingenieurs BV，鹿特丹
项目助理：Maarten de Geus，Willmar Groenendijk

第 2 章

1 办公住宅综合体，莱凯文，海牙

设计者：迪克·凡·汉默德和比亚纳·马斯滕布罗克
细化与实施：迪克·凡·汉默德

委托时间：2000
业主：Fortis Vastgoed Ontwikkeling NV Centacon
建成时间：2002～2004
建筑总面积：3500m^2 办公，39 户公寓，1000m^2 商业区
施工方：BBF Bouwbedrijf Friesland，吕伐登
结构工程师：Corsmit Raadgevend Ingenieursbureau BV，赖斯韦克
项目助理：Thomas Bedaux，Javier Calvo，Ronald Feddes，Willmar Groenendijk，Lada Hrsak

2 市集广场公寓楼，埃门

设计者：迪克·凡·汉默德

委托时间：1996
业主：Bouwontwikkeling BV，埃门
建成时间：2001～2003
建筑总面积：27 户公寓和 1100m^2 商业区
施工方：Brands Bouwgroep BV，埃门
结构工程师：Ingenieurs Groep Emmen BV
项目助理：Joep Damstra，Jacco van de Linde，Mark Sloof，Leo de Winter

3 23B1 公寓组块，艾波，阿姆斯特丹

设计者：迪克・凡・汉默德

委托时间：2000
业主：IJburgermaatschappij，阿姆斯特丹
建成时间：2004～2005
建筑总面积：82 户公寓和 1000m^2 商业区及停车场
施工方：Moes Bouwbedrijf West BV，阿尔默勒
结构工程师：Adams Bouwadviesbureau BV，德吕滕
项目助理：Wouter Kuiper，Gert-Jan Machiels，Mark Sloof，Paul Vlok

4 社区托儿所，贝肯斯特得，丹麦

设计者：迪克・凡・汉默德

委托时间：1999
业主：De Principaal 与 Stichting Amstelhuizen 合作，阿姆斯特丹
建成时间：2005～2006
建筑总面积：21820m^2
施工方：Heijmerink Bouw Utrecht BV，布尼克（Bunnik）
结构工程师：Zonneveld BV Ingenieursbureau，鹿特丹
项目助理：Ad Bogerman，Remco van Buuren，Javier Calvo，Arjan Dubois，Willmar Groenendijk，Daniëlle Huls，Sebastiaan Kaal，Elrick Mulder，Jan Schombara，Mark Sloof，Bastiaan Vlierboom，Helga van Wijk

5 厚楚斯特竞赛项目，海牙

设计者：迪克・凡・汉默德和米格尔・洛斯

委托时间：2003
业主：A. M. Wonen，Thunissen Ontwikkeling BV
建筑总面积：20，000m^2 公寓，7300m^2 停车场，5000m^2 学校，4500m^2 运动场地
项目助理：Maarten de Geus，Sebastiaan Kaal，Jan Schombara，Boy Schouten

6 净化公园，阿姆斯特丹

设计者：迪克・凡・汉默德和比亚纳・马斯滕布罗克

委托时间：1994
业主：Smit's Bouwbedrijf BV，贝弗韦克
建成时间：1996～1998
建筑总面积：80 户公寓，停车场及公园
施工方：Smit's Bouwbedrijf BV，贝弗韦克
结构工程师：Pieters Bouwtechniek BV，哈勒姆
项目助理：Arnoud Gelauff，Eric Heeremans，Titia Jansen，Gerrit de Vries，Leo de Winter，Frans Ziegler

7 城市研究，莫崴克，海牙

设计者：迪克 · 凡 · 汉默德和比亚纳 · 马斯滕布罗克

委托时间：1999
业主：Haag Wonen Woningstichting，海牙
项目助理：Daniëlle Huls

8 住宅，赫伊曾

设计者：迪克 · 凡 · 汉默德

委托时间：2003
业主：BPF Bouwinvest，阿姆斯特丹
建成时间：2005～2006
建筑总面积：62 户公寓和停车场
施工方：Coen Hagedoorn Bouw BV，赫伊曾
结构工程师：Adams Bouwadviesbureau BV，德吕滕
项目助理：Remco van Buuren，Maarten de Geus，Dorieke van Steeg，Paul Vlok，Helga van Wijk，Jeroen Staats，Niels Boswinkel

第 3 章

1 格鲁斯特住宅项目，奈梅亨

设计者：迪克 · 凡 · 汉默德

委托时间：1994
业主：Katholieke Woningvereniging Kolping，奈梅亨
建成时间：1995～1997
建筑总面积：150 户公寓
施工方：Heijmans IBC Bouw
结构工程师：ABT，费尔普
项目助理：Eric Heeremans，Willmar Groenendijk，Frans Ziegler

2 奥斯特豪特住宅项目，奈梅亨

设计者：迪克 · 凡 · 汉默德，格特 - 扬 · 亨德里克斯（Ger-jan Hendriks）

委托时间：1997
业主：Talis Woondiensten，奈梅亨
建筑总面积：100 户公寓
建成时间：2000～2001
施工方：Heijmans IBC Bouw
结构工程师：Bouwtechnisch Adviesbureau Croes BV，奈梅亨
项目助理：Gini Borso，Bastiaan Vlierboom，Carla Wieman

3 赫德曼基地城市规划，阿尔默洛

设计者：迪克·凡·汉默德和比亚纳·马斯滕布罗克

委托时间：1997
业主：Woningstichting St. Joseph，阿尔默洛
项目助理：Daniëlle Huls，Pien Linssen

4 Singels II 子计划，蓬堡，海牙

设计者：迪克·凡·汉默德

委托时间：1997
业主：Heijmans IBC Vastgoed，鹿特丹
建成时间：1999～2002
建筑总面积：650 户公寓
施工方：Heijmans IBC Vastgoed，鹿特丹；Heijmans IBC Vastgoed，阿默斯福特
项目助理：Peter van Assche，Joep Damstra，Gini Corso，Ruben van Eijle，Willmar Groenendijk，Pieter Hoogendoorn，Robin Hurts，Sebastiaan Kaal，Thijs Meijer，Eric Meisner，Thomas van Schaick，Mark Sloof，Silvester Vermast，Helga van Wijk

参考文献

Adachi, M., Goto, S., Hosoyamada, Y. & Matsukuma, H. (1984). *Process: Architecture 43; Kunio Maekawa: Sources of Modern Japanese Architecture.* Tokyo.

Baillie Scott, M.H. (1906). *Houses and Gardens, Arts and Crafts Interiors.* s.l.

Beaufort, R.F.P. de & Berg, H.M. van den (1968). *De Betuwe.* The Hague.

Blau, E. (1999). *The Architecture of Red Vienna 1919-1934.* Cambridge Massachusetts/ London.

Brown, R.A. (1976). *English Castles.* London.

Bucci, F. & Mulazzani M. (2002). *Luigi Moretti, Works and Writings.* New York.

Butler, A.S.G. (1950). *The Domestic Architecture of Sir Edwin Lutyens.* London.

Chaslin, F. & Höfer, C. (2004). *The Dutch Embassy in Berlin by OMA/Rem Koolhaas.* Rotterdam.

Chermayeff, S. & Alexander, C. (1963). *Community and Privacy, Towards a New Architecture of Humanism.* US.

Cherry, B. & Pevsner, N. (1998). *London 4: North, the Buildings of England.* Harmondsworth.

Curtis, W.J.R. (1994). *Denys Lasdun, Architecture, City, Landscape.* London.

Davey, P. (1995). *Arts and Crafts Architecture.* London.

Dunster, D. (1986). *Architectural Monographs 6: Edwin Lutyens.* New York.

Feenstra, G. (1920). *Tuinsteden.* Amsterdam.

Futagawa, Y. & Hara, H. (1971). *GA 4, Kevin Roche & John Dinkeloo, The Ford Foundation & The Oakland Museum.* Tokyo.

Futagawa, Y. & Pheiffer, B.B. (1991). *Frank Lloyd Wright, Selected Houses 6.* Tokyo.

Futagawa, Y. (2001). *GA Houses Special, Masterpieces 1945-1970.* Tokyo.

Garofalo, F. & Veresane, L. (2002). *Adalberto Libera.* New York.

Girouard, M. (1985). *Robert Smythson and the Elizabethan Country House.* New Haven/London.

Grube, O.W. & Seidlein, P.C. von (1973). *100 Jahre Architektur in Chicago.* Munich.

Haigh, D. (1995). *Baillie Scott, The Artistic House.* London.

Heuvel, D. van den & Risselada, M. (2004). *Alison and Peter Smithson, From the House of the Future to a House of Today.* Rotterdam.

Hoffman, H. (1967). *Urbaner Flachbau, Reihenhäuser, Atriumhäuser, Kettenhäuser.* Stuttgart.

Jencks, Ch. (1980). *Skyscrapers-Skycities.* London.

Jenkins, D. (ed) (2002). *Norman Foster, Works 1.* Munich/Berlin/London/New York.

Joedicke, J. (1982). *Das andere Bauen, Gedanken und Zeichnungen von Hugo Häring.* Stuttgart.

Jones, E. & Woodward, Ch. (1983). *A Guide to The Architecture of London.* London.

Kepes, G. (1967). *La Structure dans les Arts et dans les Sciences.* Brussels.

Kindt, O. (1961). *Einfamilien-Reihenhäuser.* Stuttgart.

Kulterman, U. (1967). *Neues Bauen in Japan.* Tübingen.

Leong, S.T. & Chung, C.J. (2001). *Alison and Peter Smithson, The Charged Void: Architecture.* New York.

Lind, O. & Lund, A. (2001). *Copenhagen Architecture Guide.* s.l.

Maxwell, R., Wilford, M. & Muirhead, T. (1994). *James Stirling, Michael Wilford and Associates, Buildings and Projects, 1975-1992.* Stuttgart.

Muthesius, H. (1905). *Das englische Haus.* Berlin.

Ørum-Nielsen, J. (1988). *Længeboligen.* Copenhagen.

Papadaki, S. (1956). *Oscar Niemeyer: Works in Progress.* New York.

Papadaki, S. (1960). *Oscar Niemeyer.* New York.

Pedersen, J. (1957). *Arkitekten Arne Jacobsen.* Copenhagen.

Powers, A. (2001). *Serge Chermayeff: Designer Architect Teacher.* London.

Reynolds, J.M. (2001). *Maekawa Kunio and the Emergence of Japanese modernist Architecture.* Berkeley/Los Angeles/London, 2001.

Richardson, M., Stevens, M.A. (1985). *John Soane Architect, Master of Space and Light.* London.

Rodiek, T. (1984). *James Stirling, Die Neue Staatsgalerie, Stuttgart.* Stuttgart.

Santuccio, S. (1994). *Luigi Moretti.* Bologna.

Spalt, J. & Czech, H. (1981). *Josef Frank 1885-1967.* Vienna.

Stamp, G. (2001). *Edwin Lutyens Country Houses, from the Archives of Country Life*. London.
Steele, J., Scott Brown, D. & Venturi, R. (1992). *Architectural Monographs 21; Venturi Scott Brown & Associates on Houses and Housing*. New York.
Stritzler-Levine, N. (ed) (1986). *Josef Frank, Architect and Designer*. New Haven/London.
Teixeira, C.M. (1999). *Under Construction: History of the Void in Belo Horizonte*. São Paulo.
Thau, C. & Vindum, K. (2001). *Arne Jacobsen*. Copenhagen.
The Architectural Review, vol. CXXII, no. 731, December 1957.
Vidotto, M. (1997). *Alison and Peter Smithson, Works and Projects*. Barcelona.
Wright, F.L. et al (1954). *Frank Lloyd Wright, The Natural House*. New York.

Illustrations

11 (1) p. 75; (2) p. 22 from: Brown, R.A. (1976). *English Castles*. London.
14 (4) p. 56; (5) pp. XIX-38 (photo: Rijksdienst voor de Monumentenzorg) from: Beaufort, R.F.P. de & Berg, H.M. van den (1968). *De Betuwe*. The Hague.
15 (1) p. 122; (2) p. 128 (photo: E. Piper) from: Girouard, M. (1985). *Robert Smythson and the Elizabethan Country House*. New Haven/London.
16-17 (1-3) pp. 48-49; (4) p. 12 (photo: NTPL /M. Williams) from: Girouard, M. (1992). *Hardwick Hall*. London.
16-17 (5-8) pp. 158-160 (photos: Country Life) from: Girouard, M. (1985). *Robert Smythson and the Elizabethan Country House*. New Haven/London.
18 (1, 2) pp. 234-235; (3) p. 236; (5) p. 238 from: Baillie Scott, M.H. (1906). *Houses and Gardens, Arts and Crafts Interiors*. s.l.
18 (4) p. 164 from: Muthesius, H. (1987). *The English House*. New York.
20 (1-3) p. 27; (5, 6) p. 28 (photos: R. La France; G. Pohl) from: Steele, J., Scott Brown, D. & Venturi, R. (1992). *Architectural Monographs 21; Venturi Scott Brown & Associates on Houses and Housing*. New York.
20 (4) p. 203 (photo: Y. Futagawa) from: Futagawa, Y. (2001). *GA Houses Special, Masterpieces 1945-1970*. Tokyo.
21 (1, 2) p. 105 from: Futagawa, Y. (2001). *GA Houses Special, Masterpieces 1945-1970*. Tokyo.
21 (3) p. 100 (photo: M. de Benedetti) from: Bucci, F. & Mulazzani M. (2002). *Luigi Moretti, Works and Writings*. New York.
21 (4) p. 94 from: Santuccio, S. (1994). *Luigi Moretti*. Bologna.
22-23 (1, 2) Plate LV; (4-10) photono: 152-153; 155-157; 159; 161 (photos: Country Life) from: Butler, A.S.G. (1989). *The Domestic Architecture of Sir Edwin Lutyens*. Suffolk.
22-23 (3) p. 140 (photo: Country Life) from: Stamp, G. (2001). *Edwin Lutyens Country Houses, from the Archives of Country Life*. London.
24 (1-3) Plate XXXIV; (5, 6) photono:79; 80 (photos: Country Life) from: Butler, A.S.G. (1989). *The Domestic Architecture of Sir Edwin Lutyens*. Suffolk.
24 (4) p. 97 (photo: Country Life) from: Dunster, D. (1986). *Architectural Monographs 6: Edwin Lutyens*. New York.
25 (1, 2) Plate XV; (4) photono: 40 (photo: Country Life) from: Butler, A.S.G. (1989). *The Domestic Architecture of Sir Edwin Lutyens*. Suffolk.
25 (3) p. 113 (photo: Country Life) from: Stamp, G. (2001). *Edwin Lutyens Country Houses, from the Archives of Country Life*. London.
28-29 (5) p. 85 from: Stritzler-Levine, N. (ed) (1986). *Josef Frank, Architect and Designer*. New Haven/ London.
28-29 (6-9) pp. 42-43 photos: Hochschule für Angewandte Kunst-Archiv) from: Spalt, J. & Czech, H. (1981). *Josef Frank 1885-1967*. Vienna.
30 (1) p. 110; (2, 3) pp. 111-112 (photos: G.E. Kidder-Smith) from: Wright, F.L. et al (1954). *Frank Lloyd Wright, The Natural House*. New York.
30 (4) p. 105 (photo: Y. Futagawa) from: Futagawa, Y. & Pheiffer, B.B. (1991). *Frank Lloyd Wright, Selected Houses 6*. Tokyo.
31 top (1, 2) p. 47 from: Joedicke, J. (1982). *Das andere Bauen, Gedanken und Zeichnungen von Hugo Häring*. Stuttgart.
31 centre (1) p. 191; (2) p. 193 from: Leong, S.T.

& Chung, C.J. (2001). *Alison and Peter Smithson, The Charged Void: Architecture*. New York.
31 bottom (3) p. 73 from: Vidotto, M. (1997). *Alison and Peter Smithson, Works and Projects*. Barcelona.
34 (1, 2) p. 322; (4) p. 332 (photo: K. Kirkwood); (5) p. 334 (photo: T. Street Porter) from: Jenkins, D. (ed) (2002). *Norman Foster, Works 1*. Munich/ Berlin/London/New York.
34 (3) p. 42 from: Lambot, I. (ed) (1989). *Norman Foster : Foster Associates Buildings and Projects 1971-1978, Volume 2*. Basel/Berlin/Boston.
35 (1-3) pp. 66-67; (4) p. 68 (photo: Behr Photography); (5) p. 69 (photo: J. Donat); (6) p. 72 (photo: A. Ponis) from: Curtis, W.J.R. (1994). *Denys Lasdun, Architecture, City, Landscape*. London.
36 (1-4) pp. 18-19 from: *Architecture and Urbanism*, No. 401 (February 2004). Tokyo.
68-69 (1, 2) p. 378; (3, 4) p. 377; (5) p. 373 (photo: C. Westwood); (6) p. 375 (photo: C. Westwood); (7). p. 383; (8) p. 374 from: *The Architectural Review*, vol. CXXII, nr. 731 (December 1957). Westminster.
70-71 (1, 2, 3) p. 52 from: Adachi, M., Goto, S., Hosoyamada, Y. & Matsukuma, H. (1984). *Process: Architecture 43; Kunio Maekawa: Sources of Modern Japanese Architecture*. Tokyo.
70-71 (4) (photo: W. Yoshio) from: Suzuki, H. & Banham, R. (1985). *Contemporary Architecture of Japan, 1958-1984*. New York.
70-71 (5) p. 136 (photo: Y. Watanabe) from: Joedicke, J. (1969). *Architecture since 1945, Sources and Directions*. London.
70-71 (6, 7) pp. 192; 193 (photos: W. Yoshio) from: Reynolds, J.M. (2001). *Maekawa Kunio and the Emergence of Japanese modernist Architecture*. Berkeley/Los Angeles/London, 2001.
72-73 (1, 3; 4) p. 112 from: Schneider, F. (ed) (1994). *Grundrissatlas, Wohnungsbau*. Basel/Berlin/ Boston.
72-73 (2) p. 152; (5) p. 157 (photo: Chicago Aerial Surrey) from: Grube, O.W. & Seidlein, P.C. von (1973). *100 Jahre Architektur in Chicago*. Munich.
72-73 (6) p. 34 (photo: A. Boyarsky/The Architectural Association) from: Jencks, Ch. (1980). *Skyscrapers-Skycities*. London.
74-75 (1, 2) pp. 42-43; (3, 4) p. 12-13 (photos: Y. Futagawa) from: Futagawa, Y. & Hara, H. (1971). *GA 4, Kevin Roche & John Dinkeloo, The Ford Foundation & The Oakland Museum*. Tokyo.
76-77 (1) p. 11 from: Rodiek, T. (1984). *James Stirling, Die Neue Staatsgalerie, Stuttgart*. Stuttgart.
76-77 (2, 5) p. 62 (photos: R. Bryant); (3) p. 58 (photo: A. Hunter); (4) p. 62 (photo: P. Walser) from: Maxwell, R., Wilford, M. & Muirhead, T. (1994). *James Stirling, Michael Wilford and Associates, Buildings and Projects, 1975-1992*. Stuttgart.
78-79 (1, 2, 3) pp. 251-252; (5) p. 257; (6) p. 249 (photo: M. Carapetian); (7) p. 265 (foto H. Snoek); (8) pp. 268-269) (photo: M. Carapetian) from: Leong, S.T. & Chung, C.J. (2001). *Alison and Peter Smithson, The Charged Void: Architecture*. New York.
78-79 (4) p. 115 from: Kepes, G. (1967). *La Structure dans les Arts et dans les Sciences*. Brussels.
81 (2, 3) p. 87 from: Santuccio, S. (1994). *Luigi Moretti*. Bologna.
81 (4) p. 94; (5) p. 98 (photos: M. De Benedetti) from: Bucci, F. & Mulazzani M. (2002). *Luigi Moretti, Works and Writings*. New York.
83 (1) p. 213; (2) p. 250; (3) p. 222 (G. Sampson; R. Taylor); (4) p. 235 (J. M. Gandy); (5) p. 209 (photo: G. Butler) from: Richardson, M., Stevens, M.A. (1985). *John Soane-Architect, Master of Space and Light*. London.
84 (1) p. 296; (2) p. 297; (3) p. 366 (photos: Wiener Stadt- und Landesarchiv) from: Blau, E. (1999). *The Architecture of Red Vienna 1919-1934*. Cambridge Massachusetts/ London.
85 (4) p. 44 from: Papadaki, S. (1956). *Oscar Niemeyer: Works in Progress*. New York.
85 (5) p. 208 from: Teixeira, C.M. (1999). *Under Construction: History of the Void in Belo Horizonte*. São Paulo.
87 (1) p. 400 from: Jones, E. & Woodward, Ch. (1983). *A Guide to The Architecture of London*. London.
87 (2) p. 282 from: Cherry, B. & Pevsner, N. (1998). *London 4: North, the Buildings of England*. s.l.
108 (2) p. 114 from: Freijser V. (red) (1991). *Het*

Veranderend Stadsbeeld van Den Haag, Plannen en Processen in de Haagse Stedebouw, 1890-1990. Zwolle.
116-117 (1) p. 83; (2) p. 84 from: Feenstra, G. (1920). *Tuinsteden*. Amsterdam.
116-117 (5) p. 75 from: Castex, J., Depaule, J.Ch. & Panerai, Ph. (1984). *De Rationele Stad, Van Bouwblok Tot Wooneenheid*. Nijmegen.
116-117 (3) p. 100; (4) p. 55 from: Haigh, D. (1995). *Baillie Scott, The Artistic House*. London.
118 (1) p. 243; (3) p. 242 (photo: Københavns Bymuseum); (4) p. 245 (photo: JØN) from: Ørum-Nielsen, J. (1988). *Længeboligen*. Copenhagen.
118 (2) p. 110 from: Lind, O. & Lund, A. (2001). *Copenhagen Architecture Guide*. s.l.
120-121 (1, 6) p. 56; (3) p. 57 from: Pedersen, J. (1957). *Arkitekten Arne Jacobsen*. Copenhagen.
120-121 (5) p. 77 from: Solaguren-Beascoa de Corral, F. (1991). *Arne Jacobsen*. Rotterdam.
122-123 (1, 3, 4, 5) p. 52 from: Vidotto, M. (1997). *Alison and Peter Smithson, Works and Projects*. Barcelona.
122-123 (2) p. 75 from: Heuvel, D. van den & Risselada M. (2004). *Alison and Peter Smithson, From the House of the Future to a House of Today*. Rotterdam.
126-127 (1) p. 144; (2, 3) pp. 146-147 from: Baillie Scott, M.H. (1995). *Houses and Gardens, Arts and Crafts Interiors*. Suffolk.
128-129 (1) p. 154; (2) p. 151; (3) p. 155; (5, 6) p. 150-151 from: Garofalo, F. & Veresane, L. (2002). *Adalberto Libera*. New York.
128-129 (4, 7) pp. 38-39 (photos: O. Savio) from: Kindt, O. (1961). *Einfamilien-Reihenhäuser*. Stuttgart.
132-133 (1) p. 244; (2) p. 206; (7) pp. 166, 248-249 from: Chermayeff, S. & Alexander, C. (1966). *Community and Privacy, Towards a New Architecture of Humanism*. Harmondsworth, Middlesex.
132-133 (3) p. 147; (5) p. 148; (6) p. 149 (photos: N. McGrath) from: Hoffman, H. (1967). *Urbaner Flachbau, Reihenhäuser, Atriumhäuser, Kettenhäuser*. Stuttgart.
132-133 (4) p. 245 (photo: N. McGrath) from: Powers, A. (2001). *Serge Chermayeff: Designer Architect Teacher*. London.
134-135 (1) p. 42 from: *The Architectural Review*, vol. CXXI, nr. 720 (January 1957). Westminster.
134-135 (2) p. 135; (3) p. 136; (4) p. 134 from: Kindt, O. (1961). *Einfamilien-Reihenhäuser*. Stuttgart.
134-135 (5) p. 38 (photo: H. Snoek) from: Hoffman, H. (1967). *Urbaner Flachbau, Reihenhäuser, Atriumhäuser, Kettenhäuser*. Stuttgart.
134-135 (6) p. 149 (photo: English Heritage) from: Saint, A. (introduction) (1999). *London Suburbs*. London.

36 (5-7); **42-43** (9-12); **44-45** (6-10); **46-47** (7-11); **48-49** (2, 5); **50** (2-5); **52-53** (5-8); **54-55** (2-4); **105** (3); **106-107** (3-5); **150-151** (1-4) (photos: Ch. Richters)
37 (6-10); **56-57** (6-8); **58** (2-5); **72-73** (7, 8); **87** (3, 4, 5); **120-121** (4) (photos: D.E. van Gameren)
48-49 (3, 4); **51** (4, 5) (photos: N. Kane)
90-91 (3) (photo: Your Captain aerial photography)
90-91 (4, 5); **92-93** (2-4) (photos: R. 't Hart)
105 (2) (photo: Aviodrome aerial photography)
106-107 (1, 2) (photos: L. Kramer)
138-139 (2); **142-143** (3, 4); **147** (2) (photo: K. Tomeï)
138-139 (3, 4); **140-141** (1, 3-5) (photos: R. Klein Gotink)
142-143 (5) (photo: K. Hummel)
147 (1) (photo: M. Hofmeester)

致 谢

Compilation and text：Dick van Gameren
Afterword and editing：Hans Ibelings
Copy editing：D'Laine Camp
Translation：Peter Mason
Picture editing：Dick van Gameren，Sebastiaan Kaal
Analytical drawing：Sebastiaan Kaal
Design：Studio LSD with Dominic Saves and Lius Castañeda，Rotterdam
Printing：Drukkerij Die Keure，Bruges
Paper：IJsselprint 140g/m^2，Hello gloss 135g/m^2
Project coordination：Anneloes van der Leun，NAi Uitgevers
Publisher：Simon Franke，NAi Uitgevers